高等法律职业教育系列教材
审定委员会

主　　任　　万安中

副 主 任　　许　冬

委　　员　（按姓氏笔画排序）

　　　　　　王　亮　刘　斌　刘　洁　刘晓晖

　　　　　　李忠源　陈晓明　陆俊松　周静茹

　　　　　　项　琼　顾　伟　盛永彬　黄惠萍

高等法律职业教育系列教材

ASP.NET 动态网页设计实训教程

ASP.NET DONGTAI WANGYE SHEJI SHIXUN JIAOCHENG

主　编　邹同浩　陈晓明
副主编　刘宗妹　许学添　刘卫华　黄少荣
撰稿人　邹同浩　陈晓明　刘宗妹　许学添
　　　　刘卫华　黄少荣　徐金成

中国政法大学出版社

2017·北京

声　明　1. 版权所有，侵权必究。
　　　　2. 如有缺页、倒装问题，由出版社负责退换。

图书在版编目（CIP）数据

ASP.NET动态网页设计实训教程/邹同浩，陈晓明主编.—北京：中国政法大学出版社，2017.1
ISBN 978-7-5620-7298-0

Ⅰ.①A… Ⅱ.①邹…②陈… Ⅲ.①网页制作工具—程序设计—教材 Ⅳ.①TP393.092.2

中国版本图书馆CIP数据核字(2017)第002327号

出 版 者	中国政法大学出版社
地　　址	北京市海淀区西土城路 25 号
邮　　箱	fadapress@163.com
网　　址	http://www.cuplpress.com（网络实名：中国政法大学出版社）
电　　话	010-58908435(第一编辑部) 58908334(邮购部)
承　　印	固安华明印业有限公司
开　　本	787mm×1092mm 1/16
印　　张	12.25
字　　数	254 千字
版　　次	2017 年 1 月第 1 版
印　　次	2017 年 1 月第 1 次印刷
印　　数	1~2000 册
定　　价	32.00 元

　　高等法律职业化教育已成为社会的广泛共识。2008年，由中央政法委等15部委联合启动的全国政法干警招录体制改革试点工作，更成为中国法律职业化教育发展的里程碑。这也必将带来高等法律职业教育人才培养机制的深层次变革。顺应时代法治发展需要，培养高素质、技能型的法律职业人才，是高等法律职业教育亟待破解的重大实践课题。

　　目前，受高等职业教育大趋势的牵引、拉动，我国高等法律职业教育开始了教育观念和人才培养模式的重塑。改革传统的理论灌输型学科教学模式，吸收、内化"校企合作、工学结合"的高等职业教育办学理念，从办学"基因"——专业建设、课程设置上"颠覆"教学模式："校警合作"办专业，以"工作过程导向"为基点，设计开发课程，探索出了富有成效的法律职业化教学之路。为积累教学经验、深化教学改革、凝塑教育成果，我们着手推出"基于工作过程导向系统化"的法律职业系列教材。

　　《国家(2010~2020年)中长期教育改革和发展规划纲要》明确指出，高等教育要注重知行统一，坚持教育教学与生产劳动、社会实践相结合。该系列教材的一个重要出发点就是尝试为高等法律职业教育在"知"与"行"之间搭建平台，努力对法律教育如何职业化这一教育课题进行研究、破解。在编排形式上，打破了传统篇、章、节的体例，以司法行政工作的法律应用过程为学习单元设计体例，以职业岗位的真实任务为基础，突出职业核心技能的培养；在内容设计上，改变传统历史、原则、概念的理论型解读，采取"教、学、练、训"一体化的编写模式。以案例等导出问题，根据内容设计相应的情境训练，将相关原理与实操训练有机地结合，围绕关键知识点引入相关实例，归纳总结理论，分析判断解决问题的途径，充分展现法律职业活动的演进过程和应用法律的流程。

  法律的生命不在于逻辑，而在于实践。法律职业化教育之舟只有驶入法律实践的海洋当中，才能激发出勃勃生机。在以高等职业教育实践性教学改革为平台进行法律职业化教育改革的路径探索过程中，有一个不容忽视的现实问题：高等职业教育人才培养模式主要适用于机械工程制造等以"物"作为工作对象的职业领域，而法律职业教育主要针对的是司法机关、行政机关等以"人"作为工作对象的职业领域，这就要求在法律职业教育中对高等职业教育人才培养模式进行"辩证"地吸纳与深化，而不是简单、盲目地照搬照抄。我们所培养的人才不应是"无生命"的执法机器，而是有法律智慧、正义良知、训练有素的有生命的法律职业人员。但愿这套系列教材能为我国高等法律职业化教育改革作出有益的探索，为法律职业人才的培养提供宝贵的经验、借鉴。

2016年6月

前言

进入"互联网+"时代,基于网络的信息系统开发逐渐变成了软件开发的主流技术和方向。在这个时代的大背景下,Web程序设计成为每一个计算机技术及相关专业毕业生必须掌握的基本技能之一。

本教材是基于C#脚本语言,以Microsoft Visual Studio 2010为运行环境,结合Html语言、Div+Css页面设计技术、SQL Server 2008数据库而展开的对ASP.NET技术的学习。每单元紧紧围绕设置的情景问题展开,并设有针对情景问题的解决方法。

该教材针对高职院校学生的认知规律和学习特点,强化实践教学,让学生在理论指导下动手、动脑,鼓励和引导探索式学习;并以任务驱动的方式,通过实例讲授Web程序设计的基本概念和方法,是一本指导实训的实用教材。

本教材共包括9个单元,涵盖了动态程序设计和网站建设的技术要点:

单元一"ASP.NET技术的概念与应用":介绍了ASP.NET技术的概念、通过Microsoft Visual Studio 2010运行环境搭建网站的步骤以及通过IIS对外发布ASP.NET网站的方法。

单元二"HTML静态网页制作基础":介绍了HTML语言的基础语法应用以及通过DIV+CSS技术完成网页的排版技术。

单元三"ASP.NET脚本语言":介绍了C#语言的基础语法以及在创建ASP.NET网站中的应用。

单元四"ASP.NET服务器控件":控件是将属性、事件等拖拽到网页上直接应用的,比如按钮BUTTON控件、文本输入框TEXT控件等。该单元介绍了常用的Web服务器控件在网页中的应用。

单元五"常用内置对象的应用":ASP.NET提供的内置对象有Page、Request、Response、Cookies、Session、Application、Server。这些对象使用户更容易收集通过浏览器请求发送的信息、响应浏览器以及存储用户信息,常用于在不同网页中传递信息。

单元六"SQL Server数据库基础":介绍了SQL Server数据库基础语法的应用,重点是插入(INSERTER)、删除(DELETE)、更新(UPDATE)、查询(SELECT)等。

单元七"数据访问技术":主要介绍了网页和后台SQL Server数据库的相互应用,主要介绍了网页和数据库的连接、通过网页如何操作数据库以及SqlDataSource控件、GridView控件、DetailsView控件、FormView控件等常用数据绑定控件。

单元八"导航控件":常用网页上的菜单导航、树形导航。本单元主要介绍了Menu控件、TreeView控件的应用。

单元九"母版页":使用母版页可以集中处理页的通用功能,可以方便地创建一组控件和代码,并将结果应用于一组页。母版页提供一个对象模型,使用该对象模型可以从各个内容页自定义母版页,从而保持设计好的网页框架不变,避免重复编写代码,提高编程效率。

本教材由邹同浩负责编写单元二、五、七、八;陈晓明负责编写单元一;刘宗妹负责编写单元三;许学添负责编写单元四;刘卫华负责编写单元六;黄少荣、徐金成负责编写单元九。

本教材倾注、融入了多位承担该课程教学老师的实践经验,涵盖了开发动态网站所需的各项知识点,适合ASP.NET初学者(高校学生)、软件开发培训学员及相关求职人员在学习、练习、速查中使用。

编　者
2017年1月6日

单元一 ASP.NET技术的概念与应用 ... 1

项目 应用Visual Studio 2010创建及发布ASP.NET网站 ... 1

- 任务一 了解ASP.NET技术的概念 ... 1
- 任务二 掌握ASP.NET的特点 ... 3
- 任务三 安装IIS服务器 ... 4
- 任务四 安装Visual Studio 2010 ... 7
- 任务五 初识Visual Studio 2010开发工具 ... 10
- 任务六 创建ASP.NET应用程序 ... 15
- 任务七 新建ASP.NET Web页面 ... 17
- 任务八 编辑ASP.NET网页 ... 18
- 任务九 通过IIS服务器发布网站 ... 19
- 情景上机实训 ... 24
- 习题 ... 24

单元二 HTML静态网页制作基础 ... 25

项目一 在网页中插入文本、表格、图片、多媒体信息 ... 25

- 任务一 了解HTML语言的概念 ... 25
- 任务二 掌握常用HTML排版标记 ... 27
- 任务三 熟悉HTML常用文本格式 ... 28
- 任务四 掌握HTML图片及超链接 ... 29
- 任务五 应用HTML清单标记 ... 30
- 任务六 创建HTML表格 ... 31
- 任务七 掌握HTML框架应用 ... 32
- 任务八 熟悉HTML表单 ... 34
- 任务九 应用音乐与视频标记 ... 36
- 情景上机实训 ... 39

project 项目二　用DIV+CSS进行一个简单网页的排版 ········· 39
　　任务一　了解CSS的概念 ································· 39
　　任务二　熟悉CSS的用法 ································· 40
　　任务三　掌握DIV+CSS的使用方法 ······················ 42
　　情景上机实训 ··· 45
　　习题 ··· 45

单元三　ASP.NET脚本语言 ······························· 47

项目一　在线求和计算 ··· 47
　　任务一　掌握C#语句及程序书写规则 ···················· 47
　　任务二　熟悉C#语言的常量和变量 ······················ 50
　　任务三　了解C#语言的运算符 ··························· 51
　　任务四　理解C#语言的枚举类型 ························· 54
　　任务五　熟悉C#语言的数组 ······························ 55
　　任务六　掌握C#语言的字符串类（string类） ·········· 55
　　任务七　理解C#的类型转换 ······························ 58
　　任务八　掌握C#语言的控制语句 ························· 60
　　情景上机实训 ··· 67

项目二　在线虚拟电视机 ······································· 68
　　任务一　了解类与对象 ··································· 69
　　任务二　创建及应用对象 ································· 71
　　任务三　了解命名空间 ··································· 71
　　情景上机实训 ··· 72
　　习题 ··· 75

单元四　ASP.NET服务器控件 ······························ 77

项目一　使用ASP.NET Web控件 ····························· 77
　　任务一　ASP.NET服务器控件概述 ······················· 77
　　任务二　简单Web服务器控件 ···························· 79
　　任务三　选择类控件 ······································ 81
　　任务四　其他标准控件 ··································· 87
　　情景上机实训 ··· 90

项目二　使用ASP.NET的验证控件 ··························· 93
　　任务一　ASP.NET验证控件 ······························· 93
　　任务二　RequiredFieldValidator控件 ···················· 95
　　任务三　CompareValidator控件 ·························· 96
　　任务四　RangeValidator控件 ····························· 97

任务五　RegularExpressionValidator控件 ·············· 98
　　任务六　ValidationSummary控件 ·············· 100
　　情景上机实训 ·············· 102
　　习题 ·············· 105

单元五　常用内置对象的应用 ·············· 106

项目一　统计本机IP访问该网页的次数 ·············· 106
　　任务一　Page对象的应用 ·············· 107
　　任务二　Response对象的应用 ·············· 108
　　任务三　Request对象的应用 ·············· 109
　　任务四　Cookie对象的应用 ·············· 111
　　情景上机实训 ·············· 111

项目二　网页在线聊天系统设计 ·············· 113
　　任务一　Session对象的应用 ·············· 113
　　任务二　Application对象的应用 ·············· 114
　　任务三　Server对象的应用 ·············· 117
　　情景上机实训 ·············· 119
　　习题 ·············· 122

单元六　SQL Server数据库基础 ·············· 124

项目　创建SQL Server 2008数据库并执行SQL语句 ·············· 125
　　任务一　创建数据库 ·············· 125
　　任务二　删除数据库 ·············· 126
　　任务三　备份数据库 ·············· 127
　　任务四　还原数据库 ·············· 127
　　任务五　创建表 ·············· 128
　　任务六　利用SQL语句修改数据表 ·············· 129
　　任务七　掌握SELECT、INSERT、UPDATE、DELETE数据表的SQL语句 ·············· 129
　　情景上机实训 ·············· 132
　　习题 ·············· 133

单元七　数据访问技术 ·············· 134

项目一　数据库操作 ·············· 134
　　任务一　在Visual Studio 2010环境下建立数据库 ·············· 134
　　任务二　连接数据库的方法 ·············· 137
　　任务三　查询、修改数据库 ·············· 139
　　任务四　"无连接"数据库 ·············· 143

情景上机实训 ·· 145

项目二　显示数据 ·· 147

任务一　SqlDataSource控件绑定数据 ··· 147

任务二　AccessDataSource控件绑定数据 ·· 151

任务三　GridView控件数据绑定 ··· 151

任务四　DetailsView控件数据绑定 ·· 160

任务五　FormView控件绑定数据 ··· 162

情景上机实训 ·· 164

习题 ·· 166

单元八　导航控件 ·· 168

项目　SiteMapPath、TreeView、Menu控件导航的联合应用 ······················ 168

任务一　站点地图 ·· 168

任务二　SiteMapPath控件的应用 ·· 169

任务三　Menu控件导航的应用 ··· 170

任务四　TreeView控件导航应用 ··· 173

情景上机实训 ·· 176

习题 ·· 177

单元九　母版页 ·· 178

项目　网站后台管理母版页设计 ··· 178

任务一　创建和修改母版页 ··· 178

任务二　母版页与子页嵌套 ··· 181

任务三　子页获取母版页属性 ·· 183

情景上机实训 ·· 184

习题 ·· 185

单 元 一
ASP.NET技术的概念与应用

ASP.NET是.NET FrameWork的一部分，是微软公司的一项技术，是一种使嵌入网页中的脚本可由因特网服务器执行的服务器端脚本技术，它可以在通过HTTP请求文档时再在Web服务器上动态创建它们，即指 Active Server Pages（动态服务器页面），运行于 IIS（Internet Information Servers，是Windows开发的Web服务器）之中的程序。

项目　应用Visual Studio 2010创建及发布ASP.NET网站

王明看新闻经常浏览网易、搜狐门户网站；购物经常浏览淘宝、京东等购物网站等。他计划掌握一门编写网页的技术，了解后发现，微软的ASP.NET技术是目前非常流行的网页设计技术，简单易学，因此王明计划狠下功夫掌握ASP.NET技术，创建出美丽的网站。

 知识能力与目标：

☆ 了解ASP.NET技术架构及特点。
☆ 掌握Visual Studio 2010开发环境的应用。
☆ 掌握ASP.NET应用程序的创建与发布。

任务一　了解ASP.NET技术的概念

ASP.NET是一个统一的 Web 开发模型，它包括使用尽可能少的代码生成企业级 Web 应用程序所必需的各种服务。当编写ASP.NET应用程序的代码时，可以访问 .NET Framework 中的类，可以使用与公共语言运行库（CLR）兼容的任何语言来编写应用程序的代码，这些语言包括 Microsoft Visual Basic、C#、JScript .NET 和 J#。使用这些语言，可以开发利用公共语言运行库、类型安全、继承等方面的优点的 ASP.NET 应用程序。

ASP.NET不是一种语言，也不是一个特别的产品。确切地说，它是一套标准和规范，并已经应用于自2002年以来Microsoft发布的所有产品中。ASP.NET包含了一种使用开放标准的可扩展标记语言（Extensible Markup Language，XML）格式交换信息的标准化格式。XML不需要请求者具备任何有关数据存储如何保存信息的专门知识——数据都以自描述的XML格式取出。同样地，目前几乎所有的数据存储都可以用XML来提供信息，这对于所有ASP数据客户都具有吸引力。

Microsoft发布了一套运行时编程工具和应用编程接口（API），称为.NET Framework，让开发团队能够创建.NET应用程序和XML Web Services。.NET Framework由公共语言运行库（Common Language Runtime，CLR）和一套统一的类库组成。

框架体系结构如图1-1和图1-2所示。

图1-1　NET框架

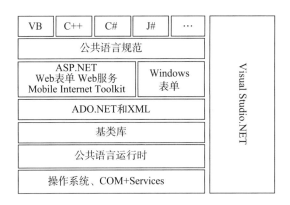

图1-2　NET框架体系详图

.NET框架的多层结构设计使得整个框架对于操作系统和编程语言都是独立的，针对.NET平台编程时可以使用多种编程语言，同时编写的应用程序可以移植到不同的操作系统中：

.COM：Component Object Model，允许对象向其他组件和宿主应用程序公开其功能，提供组件之间的公共接口；

.CLR：公共语言运行时，提供.NET所需的基本服务，例如内存管理、线程管理、代码执行、代码编译和其他系统服务等，CLR是.NET的核心，通过托管代码来实现；

.BCL：基本类库，定义了所有的数据类型和管理.NET核心功能的基本类，如文件输入/输出、线程、安全性等；

.ADO.NET和XML：是两种具有特殊功能的类，用来实现对数据库和XML格式文档操作；

.CLS：公共语言规范，对不同的编程语言实现统一的编译接口；

.C#等：是.NET框架支持的高级程序设计语言。

任务二　掌握ASP.NET的特点

（一）页和控件框架

ASP.NET 页和控件框架是一种编程框架，它在 Web 服务器上运行，可以动态地生成和呈现 ASP.NET 网页。可以从任何浏览器或客户端设备请求 ASP.NET 网页，ASP.NET 会向请求浏览器呈现标记（例如 HTML）。

（二）ASP.NET 编译器

所有 ASP.NET 代码都经过了编译，可提供强类型、性能优化和早期绑定以及其他优点。代码一经编译，公共语言运行库会进一步将 ASP.NET 编译为本机代码，从而提供增强的性能。

ASP.NET 包括一个编译器，该编译器将包括页和控件在内的所有应用程序组件编译成一个程序集，之后 ASP.NET 宿主环境可以使用该程序集来处理用户请求。

（三）安全基础结构

除了.NET 的安全功能外，ASP.NET 还提供了高级的安全基础结构，以便对用户进行身份验证和授权，并执行其他与安全相关的功能。可以使用由 IIS 提供的 Windows 身份验证对用户进行身份验证，也可以通过自己的用户数据库使用 ASP.NET Forms 身份验证和 ASP.NET 成员资格来管理身份验证。

（四）状态管理功能

ASP.NET 提供了内部状态管理功能，能够存储页请求期间的信息，例如客户信息或购物车的内容。可以保存和管理应用程序特定、会话特定、页特定、用户特定和开发人员定义的信息。此信息可以独立于页上的任何控件。

（五）应用程序配置

通过 ASP.NET 应用程序使用的配置系统，可以定义 Web 服务器、网站或单个应用程序的配置设置。可以在部署 ASP.NET 应用程序时定义配置设置，并且可以随时添加或修订配置设置，且对运行的 Web 应用程序和服务器具有最小的影响。ASP.NET 配置设置存储在基于 XML 的文件中。由于这些 XML 文件是 ASCII 文本文件，因此对 Web 应用程序进行配置更改比较简单。可以扩展配置方案，使其符合自己的要求。

（六）运行状况监视和性能功能

ASP.NET 包括可监视 ASP.NET 应用程序的运行状况和性能的功能。使用 ASP.NET 运行状况监视可以报告关键事件，这些关键事件提供有关应用程序的运行状况和错误情况的信息。这些事件显示诊断和监视特征的组合，并在记录哪些事件以及如何记录事件等方面提供了高度的灵活性。

（七）调试支持

ASP.NET 利用运行库调试基础结构来提供跨语言和跨计算机调试支持。可以调试托管和非托管对象，以及公共语言运行库和脚本语言支持的所有语言。

（八）XML Web services 框架

ASP.NET 支持 XML Web Services。XML Web Services 是包含业务功能的组件，利用该业务功能，应用程序可以使用 HTTP 和 XML 消息等标准跨越防火墙交换信息。

（九）可扩展的宿主环境和应用程序生命周期管理

ASP.NET 包括一个可扩展的宿主环境，该环境控制应用程序的生命周期，即从用户首次访问此应用程序中的资源（例如页）到应用程序关闭这一期间。虽然 ASP.NET 依赖作为应用程序宿主的 Web 服务器（IIS），但 ASP.NET 自身也提供了许多宿主功能。通过 ASP.NET 的基础结构，可以响应应用程序事件并创建自定义 HTTP 处理程序和 HTTP 模块。

（十）可扩展的设计器环境

ASP.NET 中提供了对创建 Web 服务器控件设计器（用于可视化设计工具，例如 Visual Studio）的增强支持。使用设计器可以为控件生成设计时用户界面，这样开发人员可以在可视化设计工具中配置控件的属性和内容。

任务三　安装IIS服务器

IIS用来提供互联网信息内容服务，可称作存放网站代码的容器，网站存放在此再做相应配置就可以被外面的用户访问了。之前我们的网站均是由Visual Studio负责创建、编辑、编译及运行的，网站一定要通过IIS才可以。已经创建编辑好的网站都是通过容器运行的，其实在现实世界里，我们访问的网站均存放在像IIS这种类型的容器里，而不是放在类似于Visual Studio这样的开发工具中。容器可被看成是运行在操作系统上的某一软件。

IIS是一种Web（网页）服务组件，其中包括Web服务器、FTP服务器、NNTP服务器和SMTP服务器，分别用于网页浏览、文件传输、新闻服务和邮件发送等方面，它使得在网络（包括互联网和局域网）上发布信息成了一件很容易的事。

本单元是基于操作系统Windows Server 2003上安装与配置IIS。在此版本操作系统上安装IIS的步骤如下。

1. 打开"控制面板"窗口，然后单击启动"添加/删除程序"，在弹出的对话框中选择"添加/删除Windows组件"。

2. 在弹出的"Windows组件向导"对话框中，选中"应用程序服务器"，如图1-3所示。

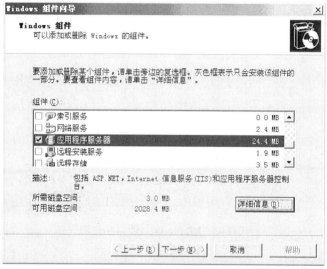

图1-3　Windows组件向导

3. 单击"详细信息（D）..."按钮，弹出"应用程序服务器"对话框，保证"ASP.NET"和"Internet信息服务（IIS）"两项为选中状态，如图1-4所示，单击"确定"按钮，返回"Windows组件"对话框。

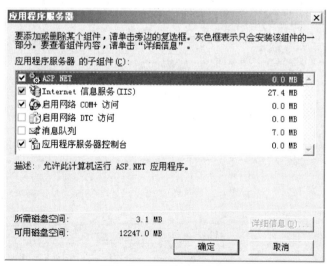

图1-4　应用程序服务器

4. 单击"下一步"按钮，选择安装文件所在的目录，进入安装界面，显示如图

1-5所示。

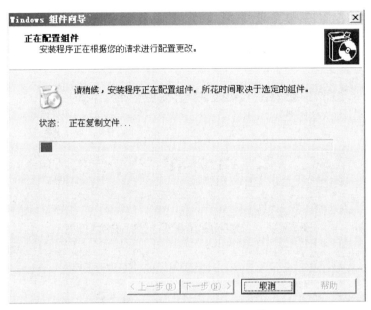

图1-5　Windows 组件向导安装

至此，IIS安装完成。

单击"完成"按钮，关闭"添加删除程序"窗口，然后测试IIS是否安装成功。

单击"开始"→"管理工具"→"Internet 信息服务(IIS)管理器"选项，弹出如图1-6所示的窗口。

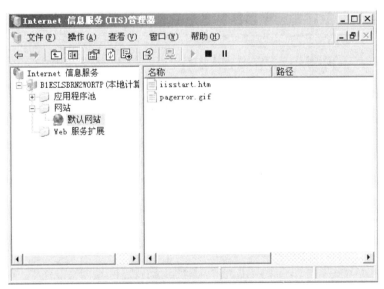

图1-6　IIS管理器界面图

右击"默认网站"，单击"浏览"选项打开IIS浏览页面，表明IIS安装成功。

任务四　安装Visual Studio 2010

Visual Studio是微软公司推出的开发环境，是目前最流行的Windows平台应用程序开发环境。Visual Studio 2010同时带来了.NET Framework 4.0、Microsoft Visual Studio 2010 CTP（Community Technology Preview），并且支持开发面向Windows 7的应用程序。除了Microsoft SQL Server，它还支持IBM DB2和Oracle数据库。

Microsoft Visual Studio 2010集成开发环境集成环境全面，大多数情况下不会用到全部集成的开发功能，选择默认的方式安装的话至少会占用5.8 GB的硬盘空间，而且一般都是安装在系统盘。

1. 打开安装文件，点击"setup.exe"文件，进入图1-7所示窗口。

图1-7　安装首页

2. 单击"安装Mircrosoft Visual Studio 2010"，进入图1-8所示的窗口。

图1-8　加载组件

3. 安装组件加载完成后，单击"下一步"按钮，进入图1-9所示的窗口。

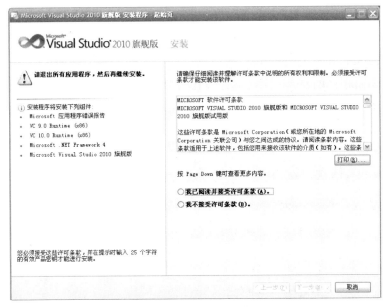

图1-9　安装组件列表

4. 单击"我已阅读并接受许可条款"单击按钮，再单击"下一步"按钮，进入图1-10所示窗口。

图1-10　选择自定义安装及安装目录确定

5. "选择要安装的功能（s）："。有两种选择，可根据开发需求而定。单击"自定义"单选按钮后,设置安装路径,单击"安装"按钮,就开始进行"自定义"安装,如图1-11所示。

图1-11　自定义安装组件界面

6. 选择要安装的功能后,单击"安装"按钮,安装进度如图1-12所示。

图1-12　安装进度

7. 单击"完成"按钮,安装结束。安装完成界面如图1-13所示。

图1-13 安装成功界面

任务五 初识Visual Studio 2010开发工具

进行ASP.NET应用程序开发的最好的工具莫过于Visual Studio 2010，Visual Studio系列产品被认为是世界上最好的开发环境之一。使用Visual Studio 2010能够快速构建ASP.NET应用程序，并为ASP.NET应用程序提供所需要的类库、控件和智能提示等支持。本任务着重介绍Visual Studio 2010中窗口的使用和操作方法。

（一）主窗口

启动Visual Studio 2010并新建网站mywebsite后，就会呈现Visual Studio 2010主窗口，如图1-14所示。

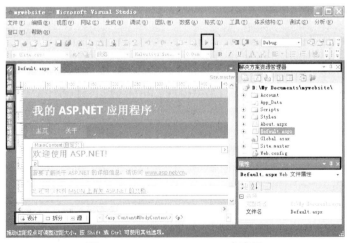

图1-14 Visual Studio 2010主窗口

如图1-14所示，Visual Studio 2010主窗口包括其他多个窗口，最上方的是导航栏窗口，用于执行开发工具的相关事件；最左侧的是工具箱，用于服务器控件的存放；中间是文档窗口，用于应用程序代码的编写及网站页面的设计；最下方是错误列表窗口，用于呈现错误信息；右侧是资源管理器窗口和属性窗口，用于呈现解决方案，以及页面及控件的相应的属性。

（二）文档窗口

在ASP.NET应用程序中，其文档窗口包括三个部分，如图1-15所示。

图1-15 文档窗口

正如图1-15所示，文档窗口包括三个部分，开发人员可以通过使用这三个部分进行高效开发，这三个部分的功能如下：

1. 页面标签：当进行多个页面开发时，会呈现多个页面标签，当开发人员需要进行不同页面的交替开发时可以通过页面标签进行页面替换。

2. 视图栏：用户可以通过视图栏进行视图的切换，Visual Studio 2010提供"设计""拆分"和"源代码"三种视图，开发人员可以选择不同的视图进行页面样式控制和代码的开发。

3. 标签导航栏：标签导航栏能够进行不同标签的选择，当用户需要选择页面代码中的<body>标签时，可以通过标签导航栏进行标签或标签内内容的选择。

文档窗口根据视图栏的选择，可以以程序代码的形式呈现给用户，也可以以图形的界面呈现给用户代码所呈现出的设计效果，如图1-16和图1-17所示。

图1-16　Web程序文档设计窗口

图1-17　Web程序文档源代码窗口

（三）工具箱

　　Visual Studio 2010主窗口的左侧为开发人员提供了工具箱，工具箱中包含了Visual Studio 2010对ASP.NET应用程序所支持的控件。工具箱是Visual Studio 2010中的基本窗口，包括标准控件、数据控件、验证控件、导航控件、登录控件、WebParts控件等，这些控件包含了网页中所看到的元素，开发人员可以使用工具箱中的控件通过拖拉的方式进行高效的应用程序开发，不需要编写很多代码就可以实现网页的建设。在工具箱中可以添加更多的应用控件，便于程序的开发。工具箱及其选择类别如图1-18和图1-19所示。

单元一　ASP.NET技术的概念与应用

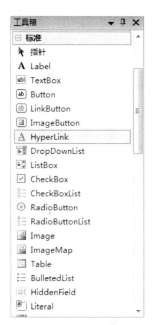

图1-18　工具箱

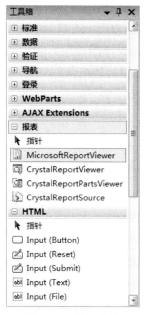

图1-19　选择类别

（四）解决方案管理器

为了能够方便开发人员进行应用程序开发，在Visual Studio 2010主窗口的右侧会呈现一个解决方案管理器。如图1-20所示，解决方案管理器以树形的目录方式呈现所有的应用程序文件，使开发人员能在解决方案管理器中进行相应的文件选择，双击后相应文件的代码就会呈现在主窗口。

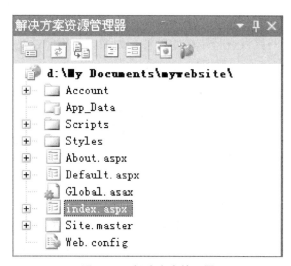

图1-20　解决方案管理器

13

（五）属性窗口

Visual Studio 2010提供了非常多的控件，开发人员能够使用Visual Studio 2010提供的控件进行应用程序的开发。每个服务器控件都有自己的属性，通过配置不同的服务器控件的属性可以实现复杂的功能。服务器控件属性如图1-21所示。

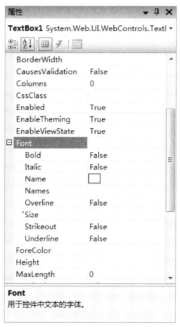

图1-21　TextBox控件属性

（六）错误列表窗口

在应用程序的开发中，通常会遇到错误，这些错误会在错误列表窗口中呈现，开发人员可以单击相应的错误进行错误的跳转。如果应用程序中出现编程错误或异常，系统会在错误列表窗口呈现，如图1-22所示。

图1-22　错误列表窗口

错误列表窗口包含错误、警告和消息选项卡，这些选项卡中错误的安全级别不尽相同。对于错误选项卡中的错误信息，通常是语法上的错误，如果存在语法上的错误则不允许应用程序的运行；而警告和消息选项卡中信息安全级别较低，只是作为警告而存在，通常情况下不会危害应用程序的运行和使用。警告选项卡如图1-23所示。

图1-23 警告选项卡错误列表窗口

任务六 创建ASP.NET应用程序

（一）新建ASP.NET应用程序

打开Visual Studio 2010初始界面后，可以单击导航栏上的"文件"按钮，选择"新建项目"按钮创建ASP.NET应用程序，如图1-24所示。

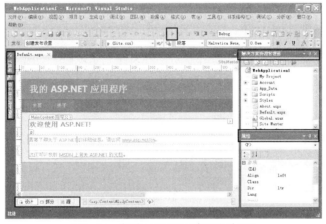

图1-24 新建ASP.NET应用程序图1

在"新建项目"对话框中，展开"其他语言"，单击"Visual C#"，在主窗口选择"ASP.NET Web应用程序"，单击"确定"按钮进行创建，如图1-25所示。

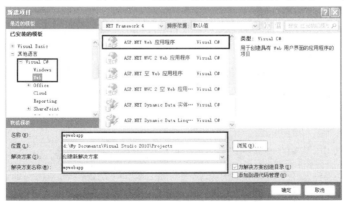

图1-25 新建ASP.NET应用程序图2

（二）ASP.NET应用程序文件类型

ASP.NET Web应用程序创建完成后系统会创建Default.aspx、Default.aspx.cs、

Default.aspx.designer.cs、Web.config等文件用于应用程序的开发，如图1-26所示。

图1-26 ASP.NET Web应用程序初始化文件

ASP.NET应用程序是由多种类型的文件与文件夹组成的，要学习开发ASP.NET应用程序，需要对它们的类型进行简要的了解。

ASP.NET应用程序包含很多类型的文件，如表1-1所示。

表1-1 ASP.NET应用程序文件类型列表

文件类型	说明
.aspx文件	这类文件是ASP.NET Web页面，它们包括用户接口和隐藏代码
.ascx文件	用户控件文件，用来实现能够被像标准Web控件一样使用的用户接口
.asmx文件	这类文件用作ASP.NET Web服务，关于Web服务后续单元会进行讲解
Web.config	配置文件，它是基于XML的文件，用来对ASP.NET应用程序进行配置
Global.asax	全局文件，在全局文件中可以定义全局变量和全局事件
.cs文件	这些文件是用C#编写的代码隐藏文件，用来实现Web页面的逻辑
.Master	这类文件是ASP.NET母版页

ASP.NET除了包含普通的可以由开发者创建的文件夹外，还包括几个特殊的文件夹。这些文件由系统命名，用户不能修改，如表1-2所示。

表1-2 ASP.NET应用程序的文件夹类型列表

文件夹类型	说明
Bin	包含ASP.NET应用程序使用的编译好的.NET组件（DLLS），组件可被整个Web应用程序里的页面访问使用
App_Code	包含那些使用在应用程序中的动态编译的源文件
App_GlobalResources	存储全局资源，这些资源能够被Web应用程序所有的页面访问
App_LocalResources	存储被特定页面访问的资源
App_WebReferences	存储被Web应用程序使用的Web服务的引用
App_Data	存储数据，包括SQL Server数据文件和XML文件等
App_Themes	存储要在Web应用程序中使用的主题

任务七　新建ASP.NET Web页面

前面利用Visual Studio 2010创建了ASP.NET Web应用程序，也了解了Web应用程序文件及文件夹的常用类型。ASP.NET应用程序往往由多个Web页面构成，这需要在ASP.NET应用程序中新建多个ASP.NET页面。本任务主要讲解如何通过Visual Studio 2010新建ASP.NET Web页面，列出了主要的操作步骤。

（一）添加新建项

右击"mywebapp"应用程序，选择"添加"→"新建项"选项，如图1-27所示。

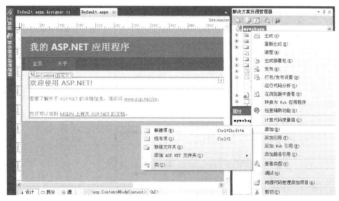

图1-27　添加新建项

（二）选择新建文件类型

单击"新建项"选项后弹出添加新项对话框，在左栏选择"Web"选项，主栏选择"Web窗体"选项，在名称编辑框输入要创建的文件名（本例为"index.aspx"），然后单击"添加"按钮，如图1-28所示。

图1-28　选择新建文件类型

（三）浏览新建文件

单击"添加"按钮后，Visual Studio 2010自动生成以index开头的三种不同类型的文件，其分别为index.aspx、index.aspx.cs、index.aspx.designer.cs，如图1-29所示。

1. index.aspx文件：（页面）书写页面代码。存储的是页面design代码。只是放各个控件的代码，处理代码一般放在.cs文件中。

2. index.aspx.cs文件：（代码隐藏页）书写类代码。存储的是程序代码。一般存放与数据库连接和数据库相关的查询、更新、删除操作，还有各个按钮单击后发生的动作等。

3. index.aspx.designer.cs文件：书写页面设计代码。通常存放的是一些页面控件中控件的配置信息，就是注册控件页面。

图1-29　浏览新建文件

任务八　编辑ASP.NET网页

利用Visual Studio 2010新建ASP.NET Web页面，对新建的网页文件进行编辑、设计。

（一）通过代码方式编辑

现对.aspx文件进行编辑，可以通过"视图栏"来切换所需的界面，把"视图栏"切换到页面源代码界面，可以看到index.aspx页面源代码为HTML语言与CSS样式语言，在此，在<div>与</div>标签间插入"欢迎来到第一个ASP.NET网站页面"，如图1-30所示。

图1-30　index.aspx文件的页面源代码界面

保存并切换到设计页面，如图1–31所示。

图1–31　index.aspx文件的页面设计界面

（二）通过设计界面编辑

上面内容是通过代码编辑的方式来编辑index.aspx文件的，还可以通过设计界面实现。相反，可以在设计页面上写上"欢迎来到第一个ASP.NET网站页面"，在代码编辑窗口会自动生成图1–30所示的代码。其他同理，哪种方法方便就用哪种。

任务九　通过IIS服务器发布网站

要把创建的mywebapp应用程序部署到IIS容器中，配置ASP.NET应用程序的步骤如下。

1. 单击"开始"→"管理工具"→"Internet信息服务（IIS）管理器"选项，打开IIS。

2. 右击窗口左边树形目录中的"网站"目录，选择"新建"→"网站（F）..."选项，如图1–32所示。

图1–32　IIS新建网站图

3. 在弹出的"网站创建向导"对话框中单击"下一步"按钮，如图1-33所示。在文本框中输入对网站的描述，本例为myWebSite，如图1-34所示。

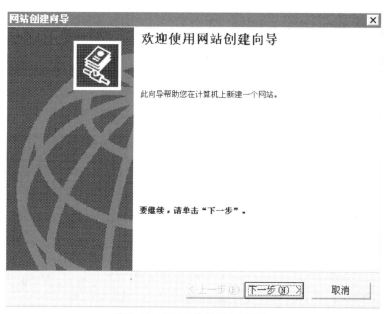

图1-33　IIS网站创建向导图1

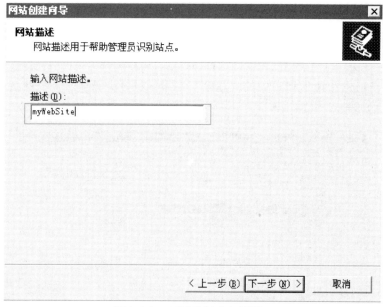

图1-34　IIS网站创建向导图2

4. 单击图1-34中的"下一步"按钮，进入图1-35所示页面，在图1-35中输入网站端口（默认为80，在此不必修改），编辑主机头信息，主机头为网站域名，如果你的网站已有域名，并且域名已指向本服务器IP，即可在此输入网站所申请的域名，本案例主机头信息不需填（即默认localhost为本案例地址），单击"下一步"按钮。

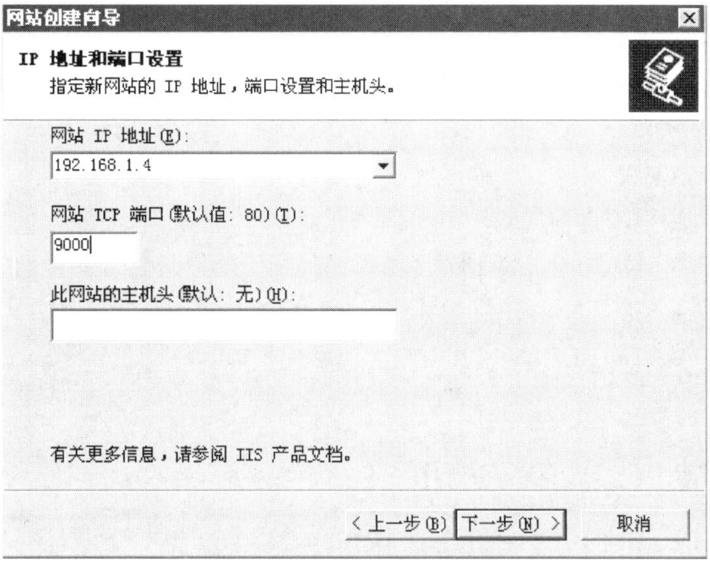

图1-35　IIS网站创建向导图3

5. 选择网站应用程序所存放的物理路径，如图1-36所示，单击"浏览"按钮，选择相应文件目录，然后单击"确定"按钮进入下一步。

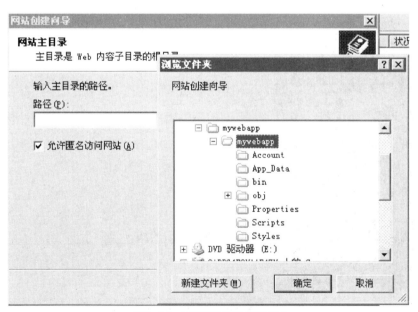

图1-36　IIS网站创建向导图4

6. 选中"读取""运行脚本（如ASP）"复选框，单击"下一步"按钮，然后单击"完成"按钮，即创建了网站名为myWebSite的网站，如图1-37、图1-38、图1-39所示。

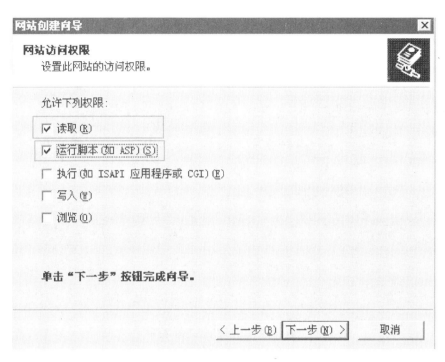

图1-37　IIS网站创建向导图5

图1-38　IIS网站创建向导图6

单元一 ASP.NET技术的概念与应用

图1-39 IIS新建myWebSite网站图

图1-39中，我们可以看到网站目录下出现了刚创建的myWebSite站点图标，单击此站点，就会列出其目录下的文件夹与文件，如图1-39右侧所示。

值得注意的是，IIS默认支持的是ASP.NET 1.X版本，由于我们程序的版本比它高，所以还得做进一步的设计才能浏览在Visual Studio 2010环境下编写的网站。右击myWebSite站点图标，选择"属性"选项，弹出图1-40所示的"myWebSite属性"对话框，选择ASP.NET选项卡（须安装.Framework控件才有显示），在ASP.NET version后的下拉列表框中选择4.0以上版本（否则会报错），然后单击"确定"按钮。

图1-40 myWebSite属性

在局域网地址栏中输入网址http://192.168.1.4:9000/myWebSite/index.aspx，打开如图1-41所示的页面。如果服务器192.168.1.4对应外网地址为121.33.231.244，那么只要输入http://121.33.231.244:9000/myWebSite/index.aspx，就可以在外网访问了。至此发布网站完成。

图1-41　访问已发布的网站

情景上机实训

一、实验目的

掌握ASP.NET应用程序的创建与发布。

二、实验步骤

◆ 按照任务六、任务七、任务八、任务九的顺序操作。

◆ 创建ASP.NET应用程序（mywebapp）。

◆ 为ASP.NET应用程序（mywebapp）添加新网页index.aspx。

◆ 编辑网页index.aspx（添加"欢迎来到第一个ASP.NET网站页面"文字）。

◆ 发布网站mywebapp,网站命名为myWebSite。

三、实验结果

如图1-41所示。

习　题

1. 简述ASP.NET框架结构及特点。
2. 简述ASP.NET应用程序的创建过程。
3. 简述通过IIS服务器发布ASP.NET网站的流程。

单元二

HTML静态网页制作基础

在网站设计中，纯粹HTML（标准通用标记语言下的一个应用）格式的网页通常被称为"静态网页"。静态网页是标准的HTML文件，它的文件扩展名是 .htm、.html，可以包含文本、图像、声音、Flash动画、客户端脚本和ActiveX控件及Java小程序等。静态网页是网站建设的基础，早期的网站一般都是由静态网页制作的。静态网页是相对于动态网页而言的，是指没有后台数据库、不含程序和不可交互的网页。静态网页相对更新起来比较麻烦，适用于一般更新较少的展示型网站。容易误解的是，静态页面都是htm这类页面，实际上静态也不是完全静态，也可以出现各种动态的效果，如GIF格式的动画、Flash、滚动字幕等。

项目一　在网页中插入文本、表格、图片、多媒体信息

 情　景：

王明在进行单元一的实验过程中，发现页面排版中有很多HTML语言代码标记，但不知道这些标记是什么意思，以及如何搭建网站，如何在网页中插入文本、图片、超链接和表格等。

 知识能力与目标：

☆ 掌握HTML标签的语法基础和常用格式的综合运用。
☆ 掌握在网页中插入文本、创建超链接、表格框架、表单、图片和音乐视频的方法。
☆ 掌握DIV+CSS的应用方法。

任务一　了解HTML语言的概念

（一）概述

HTML 的英语全称是Hypertext Marked Language，即超文本标记语言，是一种用来

制作超文本文档的简单标记语言。超文本传输协议规定了浏览器在运行 HTML 文档时所遵循的规则和进行的操作。HTTP 的制定使浏览器在运行超文本时有了统一的规则和标准。用 HTML 编写的超文本文档称为 HTML 文档，它能独立于各种操作系统平台，自 1990 年以来 HTML 就一直被用作 WWW（World Wide Web，也可简写为 Web，中文叫作万维网）的信息表示语言，使用 HTML 语言描述的文件，需要通过 Web 浏览器 HTTP 显示出效果。

之所以称为超文本，是因为它可以加入图片、声音、动画、影视等内容，事实上每一个 HTML 文档都是一种静态的网页文件，这个文件里面包含了 HTML 指令代码，这些指令代码并不是一种程序语言，它只是一种排版网页中资料显示位置的标记结构语言，易学易懂，非常简单。HTML 被普遍应用，就是因为其带来了超文本的技术——通过单击鼠标从一个主题跳转到另一个主题，从一个页面跳转到另一个页面，与世界各地主机的文件链接。

（二）HTML 的基本结构

HTML 语言格式：<卷标名称 属性名称＝属性值> 数据内容 </卷标名称>

例如：<body bgcolor="#00FF99">您好</body>

一个 HTML 文档是由一系列的元素和标签组成的，元素名不区分大小写。HTML 用标签来规定元素的属性和它在文件中的位置，HTML 超文本文档分文档头和文档体两部分，在文档头里，对这个文档进行了一些必要的定义，文档体中才是要显示的各种文档信息。

下面是一个最基本的 HTML 文档的代码：

```
<html>
<head>
<meta http-equiv="Content-Type" content="text/html; charset=gb2312" />
<title>显示title的内容</title>
</head>
<body>
  内容....
</body>
</html>
```

<html></html> 在文档的最外层，文档中的所有文本和 HTML 标签都包含在其中，它表示该文档是以超文本标识语言编写的。事实上，现在常用的 Web 浏览器都可以自动识别 HTML 文档，并不要求有 <html> 标签，也不对该标签进行任何操作，但为了使 HTML 文档能够适应不断变化的 Web 浏览器，还是应该养成不省略这对标签的良好习惯。

<head></head> 是 HTML 文档的头部标签，在浏览器窗口中，头部信息是不被显示

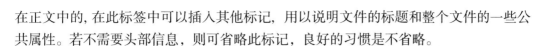

在正文中的,在此标签中可以插入其他标记,用以说明文件的标题和整个文件的一些公共属性。若不需要头部信息,则可省略此标记,良好的习惯是不省略。

<meta>设定文件的附加信息。如charset="gb2312"表示网页内容编码。http-equiv="content-type"和content="text/html"表示网页的内容格式。

<title>和</title>是嵌套在<head>头部标签中的,标签之间的文本是文档标题,它被显示在浏览器窗口的标题栏。

<body> </body>标记一般不省略,标签之间的文本是正文,是在浏览器要显示的页面内容。属性列表如表2-1所示。

表2-1　body属性列表

标记	含义
bgcolor	背景色,<body bgcolor="#00FF99">
background	背景图案,<body background="url">
text	文本颜色<body text="#000000">
link	链接文字颜色<body text="#000000">
alink	活动链接文字颜色<body text="#000000">
vlink	已访问链接文字颜色<body text="#000000">
leftmargin	页面左侧的留白距离<body leftmargin="20">
topmargin	页面顶部的留白距离<body topmargin="20">

上面的这几对标签在文档中都是唯一的,head、title、body标签是嵌套在HTML标签中的。

任务二　掌握常用HTML排版标记

常见的HTML语言排版标记如表2-2所示。

表2-2　常见的HTML语言排版标记

标记	含义
<p>	一般段落,可利用属性 align="center | right | left"设定文件对齐方式
<pre>	保留文字编排效果段落
 	换行
<center>	居中
<hn>	标题字字体的大小,<h1>最大,<h6>最小
<hr>	水平分割线
<!-- 内容-->	注释,内容不会显示

实例:

<html>

<head>

<meta http-equiv="Content-Type" content="text/html; charset=gb2312" />

<title>显示title的内容</title>

```
</head>
<body leftmargin="20">
<!--注释内容不会显示-->
<p><h3>这是第一段。</h3></br>换行</p>
<p><center>这是第二段居中。</center></p>
</hr>
<p>在HTML里，
     用p来定义段落。</p>
<pre>
  我是pre标记，
    用来自定义
      排列段落。
</pre>
</body>
</html>
```

实例运行结果如图2-1所示。

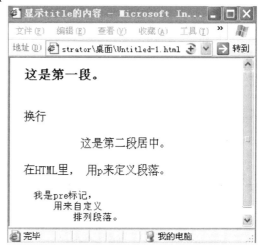

图2-1 排版标记运行结果

任务三 熟悉HTML常用文本格式

常用文本格式如表2-3所示。

表2-3 常用文本格式

文字卷标	显示效果	文字卷标		显示效果
< B >	粗体字	<STRONG>		重要文字（粗体）
< I >	斜体字	<DEL>		删除线
< U >	底线字	<FONT>	FACE	字体样式，如宋体等
< SUP >	上标字		COLOR	字体颜色
< SUB >	下标字		SIZE	字体大小
<EM>	重要文字（斜体）		<font face="宋体"color="green"	
<STRIKE>	加横线		size="20">内容</font>	

特殊符号对应代码如表2-4所示。

表2-4 特殊符号对应代码

符号卷标	显示效果	符号卷标	显示效果
	空一格	&divide;	÷
&lt;	<	&plusmn;	±
&gt;	>	&copy;	©
&quot;	"	&reg;	®
&times;	×	&amp;	&

实例：

<html>

<body>

<p><b>粗体用b表示。</b></p> <p><i>斜体用i表示。</i></p>

<p><del>芙蓉姐姐</del>这个   词当中划线表示删除。</p>

<p><ins>想唱就唱</ins>这个词下划线插入。</p>

<p>X₂其中的<2>是下标</p>

<p>X²其中的"2"是上标</p>

<p><font face="宋体"color="green" size="20">我是font，用来设置</font></p>

</body>

</html>

结果如图2-2所示。

图2-2 常用文本格式运行结果

任务四 掌握HTML图片及超链接

图片<IMG>及超链接<A>的常用属性列表如表2-5所示。

表2-5 图片及超级链接的常用属性列表

标记	属性	说明	
<IMG>	src	图片路径	<img src="/i/eg_tulip.jpg" alt="上海鲜花港 - 郁金香" width="400" />
	alt	替代文字	
	width / height	宽/高	

续表

标记	属性	说明	
<A>	herf	链接网址	<a href=http://www.baidu.com title="百度">这是百度的链接</a>
	title	鼠标经过提示文字	
	name	跳转本页某处	<p><a href="#C5">参见第5章</a></p> <p><a name="C5"><h2>第5章</h2></a></p> 单击"参见第5章"光标回到"第5章"
	target	网页打开位置	_blank：新窗口打开；_self：当前窗口打开；_parent：当前窗口的父级窗口打开；_top：在最高一级的窗口打开

实例：

<html>

<body>

<p><a href="http://www.baidu.com" title="百度">这是百度的链接</a> </p>

<P><a href="http://www.baidu.com"><img src="baidu.jpg" ></a></p>

<P><a href="#c5">参见第5章</a></p>

<P>

<a name="c5">第5章</a>

<a href="mailto:1234567@163.com">邮箱发信</a>

</p>

</body>

</html>

实例运行结果如图2-3所示。

图2-3　图片<IMG>及超链接<A>运行结果

任务五　应用HTML清单标记

应用清单标记详情如表2-6所示。

表2-6 应用清单标记详情

标记	说明	属性
<UL>	无序列表	type=disc| square| circle
<OL>	有序列表	type= 1| A| a| I| i
<LI>	列表项	type=disc| square| circle| 1| A| a| I| i

实例：
<html>
<body>
<ol type="1" start="50">
 <li>咖啡</li>
 <li>牛奶</li>
 <li>茶</li>
</ol>
<ul type="disc">
 <li>苹果</li>
 <li>香蕉</li>
 <li>柠檬</li>
 <li>桔子</li>
</ul>
</body>
</html>

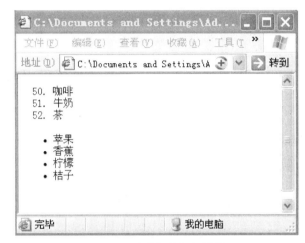

图2-4 清单标签运行结果

实例运行结果如图2-4所示。

任务六 创建HTML表格

HTML表格用<table>表示。一个表格可以分成很多行（row），用<tr>表示；每行又可以分成很多单元格（cell），用<td>表示。table相关属性参考表2-7。

表2-7 table相关属性

标记	属性	说明
<table>	bgcolor	背景色
	cellspacing	单元格之间的间距
	cellpadding	单元格内容与单元格边框的距离
	border	表格边框宽度
	width	表格宽度
	caption	表格标题
<tr>	align	行内对齐方式
<td>	rowspan	单元格行内合并
	colspan	单元格列内合并

实例：

```html
<html>
<body>
<table width="200" border="1" cellspacing="3" cellpadding="2" bgcolor="#CCCCCC">
    <caption align="top">
        我是table
    </caption>
    <tr>
        <th rowspan="2">性别</th>
        <td>男</td>
    </tr>
    <tr>
        <td>女</td>
    </tr>
    <tr>
        <td colspan="2" align="center" >
            性别</td>
    </tr>
    <tr>
        <td>男</td>
        <td>女</td>
    </tr>
</table>
```

实例运行结果如图2-5所示。

图2-5　table标签运行结果

任务七　掌握HTML框架应用

使用框架(Frame)，可以在浏览器窗口同时显示多个网页。每个Frame里设定一个网页，每个Frame里的网页相互独立。框架属性如表2-8所示。

表2-8　框架属性

标记	说明
<FRAMESET>	决定如何划分Frame
<FRAME>	设定框窗
<IFRAME>	于网页中间插入框架
<NOFRAMES>	设定当浏览器不支援框架时的提示
<ROWS>	<FRAMESET>设定按行分布
<COLS>	<FRAMESET>设定按列分布

实例<Frameset>：

<html>

<frameset rows="50%,50%">

  <frame src="http://www.baidu.com">

<frameset cols="50%,50%">

  <frame src="http://www.sina.com">

  <frame src="http://www.163.com">

  </frameset>

</frameset>

<noframes>

<body>您的浏览器无法处理框架！</body>

</noframes>

</html>

图2-6　Frameset、frame、noframe运行结果

实例运行结果如图2-6所示。

实例<Iframe>：（用<iframe></iframe>可以将Frame置于HTML文件内）

<html>

<body>

<p>用 IFRAME 可以在HTML文件里显示另一个网页。</p>

<p>这个 HTML 文档中使用 IFRAME 来显示百度的网页。</p>

<iframe src="http://www.baidu.com"></iframe>

</body>

</html>

实例运行结果如图2-7所示。

图2-7　Iframe 运行结果

任务八 熟悉HTML表单

HTML表单（Form）常用控件如表2-9所示。

表2-9 （Form）常用控件

表单控件	说明
input type="text"	单行文本输入框
input type="submit"	将表单里的信息提交给表单里action所指向的文件
input type="checkbox"	复选框
input type="radio"	单选框
select	下拉框
textArea	多行文本输入框
input type="password"	密码输入框(输入的文字用*表示)

实例：
```
<html>
<head><title>LAMP学员基本信息</title></head>
<body>
<table align="center" width="500" border="0" cellpadding="2" cellspacing="0">
<caption align="center"><h2>学员基本信息</h2></caption>
<form action="server.php" method="post">
<tr> <!-- 使用输入域定义姓名输入框 --->
<th>姓名：</th>
<td ><input type="text" name="username" size="20" /></td>
</tr>
<tr> <!-- 使用单选按钮域定义性别输入框 -->
<th>性别：</th>
<td>
<input type="radio" name="sex" value="1" checked="checked" />男
<input type="radio" name="sex" value="2" />女
<input type="radio" name="sex" value="3" />保密
</td>
</tr>
<tr> <!-- 使用下拉列表域定义学历输入框 -->
<th>学历：</th>
<td>
<select name="edu">
```

```html
<option>--请选择--</option>
<option value="1">高中</option>
<option value="2">大专</option>
<option value="3">本科</option>
<option value="4">研究生</option>
<option value="5">其他</option>
</select>
</td>
</tr>
<tr> <!-- 使用复选框按钮域定义选修课程输入框 -->
<th>选修课程：</th>
<td>
<input type="checkbox" name="course[]" value="4">Linux
<input type="checkbox" name="course[]" value="5">Apache
<input type="checkbox" name="course[]" value="6">Mysql
<input type="checkbox" name="course[]" value="7">PHP
</td>
</tr>
<tr> <!-- 使用多行输入框定义自我[评价输入框 -->
<th>自我评价：</th>
<td><textarea name="eval" rows="4" cols="40"></textarea></td>
</tr>
<tr> <!-- 定义提交和重置两个按钮-->
<td colspan="2" align="center">
<input type="submit" name="submit" value="提交">
<input type="reset" name="reset" value="重置">
</td>
</tr>
</form>
</table>
</body>
</html>
```

实例运行结果如图2-8所示。

图2-8 表单运行结果

任务九 应用音乐与视频标记

（一）加背景音乐<embed>标记

实例：

<html>

<head><title>加背景音乐</title></head>

<body>

<EMBED src="外面的世界.mp3" autostart="true" loop="true" width="m" height="k">

</embed>

</body>

</html>

说明：

1. src：音乐文件的路径及文件名。

2. autostart：true为音乐文件上传完后自动开始播放，默认为false（否）。

3. loop：true为无限次重播，false为不重播，某一具体值（整数）为重播多少次。

4. Volume：取值范围为"0-100"，设置音量，默认为系统本身的音量。

5. Starttime："分：秒"，设置歌曲开始播放的时间，如，starttime="00:10"，从第10秒开始播放。

6. endtime："分：秒"，设置歌曲结束播放的时间。

7. width：控制面板的宽。

8. height：控制面板的高。

（二）加音乐控制器<object>标记

实例：

```
<html>
<body>
<object classid="clsid:22D6F312-B0F6-11D0-94AB-0080C74C7E95" id="MediaPlayer1">
<param name="Filename" value="路径">
<param name="AutoStart" value="0">
</object>
</body>
</html>
```

（三）加影片<object>标记

实例：

```
<html>
<head><title>加影片</title></head>
<body>
<object classid="clsid:22D6F312-B0F6-11D0-94AB-0080C74C7E95" id="MediaPlayer1">
<param name="Filename" value="影片名.后缀名">
<param name="AutoStart" value="1" >
</object>
</param>
</body>
</html>
```

说明：

1. < param name="AutoStart" value="a" >

   //a表示是否自动播放电影，为1表示自动播放，0是按键播放。

2. < param name="ClickToPlay" value="b">

   //b为1表示用鼠标单击控制播放或暂停状态，为0是禁用此功能。

3. < param name="DisplaySize" value="c" >

   //c为1表示按原始尺寸播放。

4. < param name="EnableFullScreen Controls" value="d">

   //d为1表示允许切换为全屏，为0则禁止切换。

5. < param name="ShowAudio Controls" value="e">

   //e为1表示允许调节音量，为0禁止调节。

6. < param name="EnableContext Menu" value="f"

   //f为1表示允许使用右键菜单，为0表示禁用右键菜单。

（四）实例：插入Flash<object>++<Embed>标记

<html>
<body>
<object classid="clsid:D27CDB6E-AE6D-11cf-96B8-444553540000" width="802" height="502">
 <param name="movie" value="20140612162414361436.swf" />
 <param name="quality" value="high" />
<embed src="20140612162414361436.swf" quality="high" width="802" height="502"></embed>
</object>
</body>
</html>

（五）掌握滚动标记<Maquee>

常用的滚动标记<Maquee>属性、事件及说明如表2-10所示。

表2-10 滚动标记<Maquee>属性、事件及说明

	属性和事件	说明
属性	align	对齐方式 LEFT、CENTER、RIGHT、TOP、BOTTOM
	behavior	用于设定滚动的方式，主要有三种方式：behavior="scroll":表示由一端滚动到另一端；behavior="slide":表示由一端快速滑动到另一端，且不再重复；behavior="alternate":默认值表示在两端之间来回滚动
	direction	left（默认值）：左；right：右；up：上；down：下
	bgcolor	背景颜色
	height	高度
	weight	宽度
	Hspace/vspace	分别用于设定滚动字幕的左右边框和上下边框的宽度，作用大概和CSS中的margin差不多
	scrollamount	用于设定每个连续滚动文本后面的间隔，该间隔用像素表示，以上是官方说法，其实就是滚动的速度，值不能太大，要不从视觉角度来说，是没反应的。值越大速度越快，反之越慢
	scrolldelay	延迟时间
	loop	这个属性大家也很熟悉，循环次数；loop=-1的时候一直重复循环（默认值）
事件	onMouseOut="this.start()"	用来设置鼠标移出该区域时继续滚动
	onMouseOver="this.stop()"	用来设置鼠标移入该区域时停止滚动

实例：

<html>

<body>

<marquee align="left" behavior="scroll" bgcolor="#CCCCCC" direction="up" height="100" width="200" hspace="50" vspace="20" loop="-1" scrollamount="10" scrolldelay="100" > 这是一个完整的例子 </marquee>

</body>

</html>

情景上机实训

一、实验目的

理解和掌握HTML语言的基础知识与综合应用，学会使用HTML制作简单网页，懂得网页中文本格式、图像、表格、多媒体信息的应用等。

二、实验步骤

请按顺序完成项目中任务一至任务八的实例。

项目二　用DIV+CSS进行一个简单网页的排版

王明学习HTML基本语法时，发现用表格排版网页内容容易变动，比较麻烦。他调研后发现，目前DIV+CSS的网页排版比较流行，于是决定利用DIV+CSS制作一个简单的网页框架。

☆ 掌握CSS的定义方法。

☆ 掌握DIV+CSS样式的应用。

任务一　了解CSS的概念

HTML过多利用Table来排版，界面效果的局限性日益暴露出来。CSS（Cascading Style Sheet）出现后局面有所改变。CSS可算是网页设计的一个突破，它解决了网页界面排版的难题。可以分别这样概括HTML和CSS的作用：HTML的Tag主要是定义网页的内容（Content），而CSS决定这些网页内容如何显示(Layout)。

CSS（层叠样式表），即级联样式表，是一种用来表现HTML文件样式的计算机语言，是网页设计不可缺少的工具之一。CSS能够根据不同使用者的理解能力，简化或者优化写法，针对各类人群，有较强的易读性。CSS文件可由记事本和Dreamweaver等网页文件编辑器打开。

任务二 熟悉CSS的用法

（一）CSS选择器

1. 标记选择器。

语法定义实例：h1 { color: red; font-size: 25px; }

"h1"代表的是HTML语言中的内部标记语言，如p、body、hr等关键词；color、font-size都为其属性；":"后面的为其对应的值。

2. 类别选择器。

语法定义实例：.myclass123 { color: red; font-size: 25px; }

以"."为开头的格式，而"myclass123"是我们自定义的名字，不是HTML语言中的内部标记语言。它在DIV中的调用格式<div class=myclass123>?</div>。

3. ID选择器。

语法定义实例：# myid789 { color: red; font-size: 25px; }

以"#"为开头的格式，而"myid789"是我们自定义的名字，不是HTML语言中的内部标记语言。它在DIV中的调用格式<div id=myclass123>?</div>。

（二）CSS样式应用

根据CSS写的位置的不同，可以分为内嵌样式表(Inline Style Sheet)、内部样式表（Internal Style Sheet）、外部样式表（External Style Sheet）。

1. 内嵌样式表Inline Style Sheet是写在Tag里面的。内嵌样式表只对所在的Tag有效。请看如下内嵌样式表：

<P style="font-size:20pt; color:red">这个Style定义里面的文字是20pt

字体，字体颜色是红色。</p>

在记事本中编辑HTML，将此内嵌样式应用，代码如下所示：

<html>

<head><title>内嵌式样式(Inline Style)</title></head>

<body>

<P style="font-size:20pt; color:red">内嵌样式(Inline Style)定义段落里面的文字是20pt字，颜色是红色。</p>

<P>这段文字没有使用内嵌样式。</p>

</body>

</html>

在浏览器里查看此网页，即可看到应用了内嵌样式后的效果，如图2-9所示。

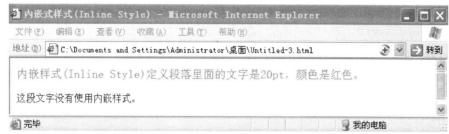

图2-9　内嵌样式表

2. 内部样式表。内部样式表是写在HTML的<head></head>里面的。内部样式表只对所在的网页有效。

内部样式表实例如下所示：

<HTML>

<HEAD>

<STYLE type="text/css">

H4.mylayout {border-width:1; border:solid; text-align:center; color:red}

</STYLE>

</HEAD>

<BODY>

<H4 class="mylayout">这个标题使用了Style。</H4>

<H4>这个标题没有使用Style。</H4>

</BODY>

</HTML>

效果如图2-10所示。

图2-10　内部样式表

3. 外部样式表。如果很多网页需要用到同样的样式(Styles)，可以使用外部样式。将样式写在一个以.css为后缀的CSS文件里，然后在每个需要用到这些样式的网页里引用这个CSS文件。比如可以用文本编辑器(NotePad)建立一个叫home的文件，文件后缀不要用.txt，改成.css。

外部样式表实例如下所示：

H3.mylayout {border-width: 1; border: solid; text-align: center;color:red}

然后建立一个网页（假设此网页与home.css在同一个文件夹下），代码如下：

<HTML>

<HEAD>

<link href="home.css" rel="stylesheet" type="text/css">

</HEAD>

<BODY>

<H3 class="mylayout">这个标题使用了Style。</H3>

<H3>这个标题没有使用Style。</H3>

</BODY>

</HTML>

实例运行结果如图2-11所示。

图2-11 外部样式表

任务三 掌握DIV+CSS的使用方法

DIV是CSS中的定位技术，全称Division，即为划分，可以包含HTML。DIV+CSS是网站标准（或称"Web标准"）中常用的术语之一，通常为了说明与HTML网页设计语言中的表格定位方式的区别。用DIV盒模型结构将各部分内容划分到不同的区块，然后用CSS来定义盒模型的位置、大小、边框、内外边距、排列方式等。

简单地说，DIV用于搭建网站结构（框架），CSS用于创建网站表现（样式/美化），使用CSS将表现与内容分离，便于网站维护，简化HTML页面代码，可以获得一个较优秀的网站结构，便于日后维护、协同工作和搜索引擎蜘蛛抓取。

实例：mydiv.html

<html>

<head>

<title>DIV+CSS案例</title>

<link href="mycss.css" type="text/css" rel="stylesheet"/>

```
</head>
<body>
<div class="content">
   <div class="left">
    我在左边<br />我在左边<br />我在左边<br />
    我在左边<br />我在左边<br />我在左边<br />
     我在左边<br />我在左边<br />我在左边<br />
   </div>
   <div class="mid">
    我在中间<br />我在中间<br />我在中间<br />
    我在中间<br />我在中间<br />我在中间<br />
    我在中间<br />我在中间<br />我在中间<br />
    我在中间<br />我在中间<br />我在中间<br />
   </div>
   <div class="right">
    我在右边<br />我在右边<br />我在右边<br />
    我在右边<br />我在右边<br />我在右边<br />
    我在右边<br />我在右边<br />我在右边<br />
   </div>
</div>
</body>
</html>
```

CSS文件mycss.css内容如下：（mycss.css与mydiv.html应在同一文件夹下）

```css
.content
{
    width:400px;
    height:300px;
    magin:0 auto;
}
.left
{
 float:left;
 width:98px;
 height:200px;
 border:solid 1px;
```

}
.mid{
float:left;
width:198px;
height:300px;
border:solid 1px;
text-align:center;

}
.right{
float:left;
width:98px;
height:100px;
border:solid 1px;
text-align:right;
}

实例运行结果效果如图2-12所示。

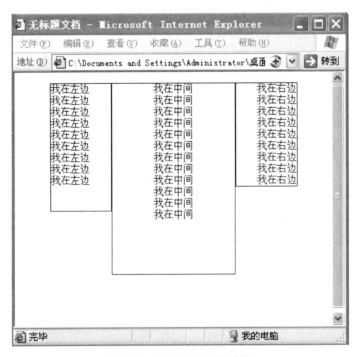

图2-12　DIV+CSS运行结果

情景上机实训

一、实验目的

掌握DIV+CSS的网页排版方法。

二、实验步骤

按要求完成任务三实例。

习　题

一、选择题

1. 下面代码使用HTML元素的ID属性，将样式应用于网页上的某个段落：<P id="firstp">，这是一个段落</P>，下面选项中，（　　）正确定义了上面代码引用的样式规则。

　　A.<Style Type="text/css"> P {color:red} </Style>

　　B.<Style Type="text/css"> #firstp {color:red} </Style>

　　C.<Style Type="text/css"> .firstp {color:red} </Style>

　　D.<Style Type="text/css"> P.firstp {color:red} </Style>

2. 跳转到"hello.html"页面的"bn"锚点的代码是（　　）。

　　A.<a href="hello.html&bn"> ... </a>

　　B.<a href="bnl#hellohtml"> ... </a>

　　C.<a href="hello.html#bn"> ... </a>

　　D.<a href="#bn"> ... </a>

3. 能够定义所有P标签内文字加粗的是（　　）。

　　A. <p style="text-size:bold">

　　B. <p style="font-size:bold">

　　C. p{text-size:bold}

　　D. p {font-weight:bold;}

4. 下列CSS语法规则正确的是（　　）。

　　A. body:color=black

　　B. {body;color:black}

　　C. body {color: black}

　　D.{body:color=black(body}

5. 下面关于样式的说法不正确的是（　　）。

　　A. 样式可以控制网页背景图片

　　B. margin属性的属性值可以是百分比

C. 字体大小的单位可以是em

D. 1em等于18像素

二、简答题

1. 什么是HTML？描述HTML的基本结构。

2. 如何创建HTML表格？

3. DIV+CSS是什么？

单元三

ASP.NET脚本语言

ASP.NET 是已编译的，可以用任何与 .NET 兼容的语言（包括 Visual Basic .NET、C#.NET 和JScript.NET。）创作应用程序，开发人员根据喜好去选择其中一门语言作为脚本开发语言，快速地写出网站。C#是微软官方为ASP.NET应用程序的后台代码设计的一门语言，作为ASP.NET技术动态网站开发的脚本语言，可以动态地输出自己想要的内容，二者结合能设计出功能更强大的的网站。

项目一 在线求和计算

 情 景：

王明同学创建了第一个简单的静态ASP.NET网站（单元一上机实训）后，觉得很满意。他又计划编写一个在线求和计算的动态ASP.NET网页。经过查阅，发现要完成这项功能，需要了解C#语言的语法结构和一些基础的Web控件（如TextBox控件、Label控件、Button控件）。C#语言与C语言很相似，学过C语言的，再学C#语言就简单多了，于是王明的又一个任务开始了。

 知识能力与目标：

☆ 掌握C#语言的命名规则、变量、常量、运算符及表达式。
☆ 掌握C#语言枚举类型、数组、类型转换、string类的应用。
☆ 掌握控制语句的应用。

任务一 掌握C#语句及程序书写规则

创建ASP.NET网页myapp，在网页上显示两个变量相加的结果，代码如下(ASP.NET应用程序)：

```
using System;       //导入命名空间。
public partial class myapp : System.Web.UI.Page    //定义类
```

```
{
    protected void Page_Load(object sender, EventArgs e)   //网页打开后加载事件
    {
        int Aa1 = 10;  //定义整型，以分号；结束本句。
        int bb2 = 20;
        int CC3 = Aa1 + bb2;
        Label1.Text = CC3.ToString();   /*Label1为asp.net控件ID；CC3 .ToString()意思
                                          是把整型CC3转化为字符串型。*/
    }
}
```

（一）注释语句

C#中的注释基本有两种，一是单行注释，二是多行注释。单行注释以双斜线"//"开始，不能换行。多行注释以"/*"开始，以"*/"结束，可以换行。

（二）关键字

在C#代码中常常使用关键字，关键字也叫保留字，是对C#有特定意义的字符串。关键字在Visual Studio 环境的代码视图中默认以蓝色显示。变量声明时应该避免变量名称与关键字重名，如果变量名称与关键字重名，编译器就会报错，C#中常用的关键字如表3-1所示。

表3-1　C#常用的关键字

AddHandler	AddressOf	Alias	And	Ansi	As
Assembly	Auto	BitAnd	BitNot	BitOr	BitXor
Boolean	ByRef	Byte	ByVal	Call	Case
Catch	CBool	CByte	CChar	CDate	CDec
CDbl	Char	CInt	Class	CLng	CObj
Const	CShort	CSng	CStr	CType	Date
Decimal	Declare	Default	Delegate	Dim	Do
Double	Each	Else	ElseIf	End	Enum
Erase	Error	Event	Exit	ExternalSource	False
Finally	For	Friend	Function	Get	GetType
Goto	Handles	If	Implements	Imports	In
Inherits	Integer	Interface	Is	Let	Lib
Like	Long	Loop	Me	Mod	Module
MustInherit	MustOverride	MyClass	Namespace	MyBase	New
Next	Not	Nothing	NotInheritable	NotOverridable	Object
On	Option	Optional	Or	Overloads	Overridable
Overrides	ParamArray	Preserve	Private	Property	Protected

续表

AddHandler	AddressOf	Alias	And	Ansi	As
Public	RaiseEvent	ReadOnly	ReDim	Region	REM
RemoveHandler	Resume	Return	Select	Set	Shadows
Shared	Short	Single	Static	Step	Stop
String	Structure	Sub	SyncLock	Then	Throw
To	True	Try	TypeOf	Unicode	Until
Variant	When	While	With	WithEvents	WriteOnly
Xor	eval	extends	instanceof	package	var

（三）命名空间

命名空间有两种，一种是系统命名空间，一种是用户自定义命名空间。系统命名空间使用using关键字导入，System是Visual Studio .NET中的最基本的命名空间，在创建项目时，Visual Studio平台都会自动生成导入该命名空间，并且放在程序代码的起始处。

（四）语句

语句就是C#应用程序中执行操作的指令。C#中的语句必须用分号";"结束。可以在一行中书写多条语句，也可以将一条语句书写在多行上。

（五）大括号

在C#中，括号"{"和"}"是一种范围标志，是组织代码的一种方式，用于标识应用程序中逻辑上有紧密联系的一段代码的开始与结束。大括号可以嵌套，以表示应用程序中的不同层次。

（六）变量命名规则

C#中的字母可以大小写混合，但是必须注意的是，C#把同一字母的大小写当作两个不同的字符对待，例如，大写"A"与小写"a"对C#来说，是两个不同的字符。

命名规则就是给变量取名的一种规则，一般来说，命名规则就是为了让开发人员给变量或者命名空间取个好名，不仅要好记，还要说明一些特性。在C#里面，常用的一些命名的习惯如下：

Pascal大小写形式：所有单词的第一个字母大写，其他字母小写。

Camel大小写形式：除了第一个单词，所有单词的第一个字母大写，其他字母小写。

当然，在其他编程中，不同的开发人员可能遇到一些不一样的命名规则和命名习惯，但是在C#中，推荐使用常用的一些命名习惯，这样能保证代码的优雅性和可读性。同时，也应该避免使用相同名称的命名空间或与系统命名相同的变量，如以下代码所示：

string int;   //系统会提示出错

运行上述代码时系统会提示错误，因为字符串"int"是一个关键字，当使用关键字做变量名时，编译器会混淆该变量是变量还是关键字，所以系统会提示错误。

任务二　熟悉C#语言的常量和变量

（一）常量

格式为：const 类型名称 常量名=常量表达式。

```
// 定义圆周率常量PI
   const float _pi = 3.1415169F;
// 由地球引力引起的加速度常量，单位为 cm/s*s
   const float _gravity = 980;
// 钟摆的长度
   int length = 60;
// 钟摆的周期
   double period = 0;
// 钟摆周期的计算公式
   period = 2 * _pi * Math.Sqrt(length / _gravity);   //调用常量
```

常量的定义便于程序修改，如果想修改圆周率的值，只需要修改常量pi的值；如果是数字，可能要修改多个地方。

（二）变量

格式为：类型名称 常量名=常量表达式；或 类型名称 常量名；常量名=常量表达式。

在C#中，数据类型由.NET Framework和C#语言来决定，表3–2列举了一些预定义的数据类型。

表3–2　预定义数据类型

预定义类型	定　义	字节数
byte	0~255之间的整数	1
sbyte	－128~127之间的整数	1
short	－32 768~32 767之间的整数	2
ushort	0~65 535之间的整数	2
int	－2 147 483 648~2 147 483 647之间的整数	4
uint	0~4 294 967 259之间的整数	4
long	－9 223 372 036 854 775 808~9 223 372 036 854 775 807之间的整数	8

续表

预定义类型	定　义	字节数
ulong	0~18 445 744 073 709 551 615之间的整数	8
bool	布尔值，true of false	1
float	单精度浮点值	4
double	双精度浮点值	8
decimal	精确的十进制值，有28个有效位	12
object	其他所有类型的基类	N/A
char	0~65 535之间的单个Unicode字符	2
string	任意长度的Unicode字符序列	N/A

变量在应用程序中需要声明才能有意义，才能被计算机理解并进行处理运算。一个简单的声明变量的代码如下所示：

```
int myInt;                //声明整型变量
float  myFloat;           //声明浮点型变量
myInt=200;                //为变量myInt赋值
myFloat=200.0F;           //为变量myFloat赋值
```

上述代码声明了一个整型的变量myInt，同时也声明了一个单精度浮点型变量myFloat，且分别赋予它们各自数据类型的值。

任务三　了解C#语言的运算符

在C#程序语言中，运算符可按操作类型分为关系运算符、逻辑运算符、算术运算符、字符串运算符四类。

（一）算术运算符

程序开发中常常需要使用算术运算符，算术运算符用于创建和执行数学表达式，以实现加、减、乘、除等基本操作，示例代码如下所示：

```
int num1 = 2;                     //声明整型变量
int num2 = 3;                     //声明整型变量
int num3= num1 + num2;            //使用+运算符
int num4 = 1 + 2;                 //使用+运算符
int num5 = num2 – num1;           //使用-运算符
```

在算术运算符中，运算符"%"代表求余数，示例代码如下所示：

```
int a = 10;                       //声明整型变量
int b = 3;                        //声明整型变量
int c=10/3;                       //使用/运算符
int d=10%3;                       //使用%运算符
```

上述代码实现中，c变量的值为3，d变量的值为1。在C#的运算符中还包括自增和自减运算符,如"++"和"--"运算符。++和--运算符是一个单操作运算符,将目的操作数自增或自减1。该运算符可以放置在变量的前面和变量的后面,都不会有任何的语法错误,但是放置的位置不同,实现的功能也不同,示例代码如下所示:

```
int a = 10;                    //声明整型变量
int a2 = 10;                   //声明整型变量
```

接下来定义一个变量b,使b=a++,它的结果将是10。而如果使b=++a2,则它的结果将会是11。对于进行了a++,与++a2,a跟a2的值都会自增为11,因为b的赋值语句代码中使用的为后置自增运算符,故先把变量a的值赋值给b变量,赋值后再进行自增。如b的赋值是前置自增运算符,则先执行a2的自增,然后再把自增后的值赋给b。因此才会出现b=a++=10,而b=++a2=11的情况。

（二）关系运算符

关系运算符用于创建一个表达式,该表达式用来比较两个对象并返回布尔值。示例代码如下所示,其采用了"=="关系运算符。

```
string a="hello";              //声明字符串变量a
string b="hello";              //声明字符串变量b
string result="";              //变量result用来存储比较结果
if (a == b)                    //使用比较运算符
{
    result="相等";
}
else
{
    result="不相等";
}
//result的值将为"相等",因为a==b条件为真。
```

关系运算符如">""<"">=""<="等同样是比较两个对象并返回布尔值,示例代码如下所示:

```
int a=3;
int b=4;
bool result;
if (a< b)
{
    result=true;
}
else
```

```
        {
            result=false;
        }
```
//result的值将为true,因为a<b条件为真。

初学者很容易错误地使用关系运算符中的"=="号与变量赋值符号"="号,两符号作用不同,所以不能替换使用,如使用如下代码则会错误:

  if (a = b)   //使用布尔值

如果写成上述代码,虽然编译器不会报错,但是其运行过程就不是开发人员想象的流程。

(三)逻辑运算符

逻辑运算符和布尔类型组成逻辑表达式。NOT运算符"!"使用单个操作数,用于转换布尔值,即取非,示例代码如下所示:

```
    bool result = true;                    //创建布尔变量
    bool noResult = !result;               //使用逻辑运算符
```
//noResult的值为false

与其他编程语言相似的是,C#也使用AND运算符"&&"。该运算符使用两个操作数做与运算,当有一个操作数的布尔值为false时,则返回false,示例代码如下所示:

```
    bool result = true;                    /创建布尔变量
    bool noResult = ! result;              //使用逻辑运算符取反
    bool total = result && noResult;       //使用逻辑运算符计算
```
//total的值为false

同样,C#中也使用"||"运算符来执行OR运算,当有一个操作数的布尔值为true时,则返回true,示例代码如下所示:

```
    bool result = true;                    /创建布尔变量
    bool noResult = ! result;              //使用逻辑运算符取反
    bool total = result || noResult;       //使用逻辑运算符计算
```
//total的值为true

(四)字符串运算符

字符串运算符用"+"运算符,表示将两个字符串连接起来。例如:
string connec="abcd"+"ef";
// connec的值为 "abcdef"
string connec="abcd"+'e'+'f';
// connec的值为 "abcdef"

C#语言运算符的详细分类及操作符从高到低的优先级顺序如表3-3所示。

表3-3 C#语言运算符的详细分类及操作符从高到低的优先级顺序

类别	操作符
初级操作符	(x) x.y f(x) a[x] x++ x-- new type of sizeof checked unchecked
一元操作符	+ - ! ~ ++x –x (T)x
乘除操作符	* / %
加减操作符	+ -
移位操作符	<< >>
关系操作符	< > <= >= is as
等式操作符	== !=
逻辑与操作符	&
逻辑异或操作符	^
逻辑或操作符	|
条件与操作符	&&
条件或操作符	||
条件操作符	?:
赋值操作符	= *= /= %= += -= <<= >>= &= ^= |=

任务四 理解C#语言的枚举类型

C#枚举类型使用方法和C、C++中的枚举类型基本一致，见下例（控制台应用程序）：

```
using System;
class Class1
{   enum Days {Sat=1, Sun, Mon, Tue, Wed, Thu, Fri};
    static void Main(string[] args)        //主程序入口
    {   Days day=Days.Tue;
        int x=(int)Days.Tue;               //x=2
        Console.WriteLine("day={0},x={1}",day,x);// 输出显示结果为:day=Tue,x=4
    }
}
```

在此枚举类型Days中，每个元素的默认类型为int，其中Sun=0，Mon=1，Tue=2，依此类推。也可以直接给枚举元素赋值。例如：

enum Days{Sat=1,Sun,Mon,Tue,Wed,Thu,Fri,Sat};

在此枚举中，Sun=1，Mon=2，Tue=3，Wed=4，等等。和C、C++中不同，C#枚举元素类型可以是byte、sbyte、short、ushort、int、uint、long和ulong类型，但不能是char类型。例如：

enum Days:byte{Sun,Mon,Tue,Wed,Thu,Fri,Sat};   //元素为字节类型

任务五　熟悉C#语言的数组

在C#中数组可以是一维的也可以是多维的，同样也支持数组的数组，即数组的元素还是数组。一维数组最为普遍，用得也最多。我们先看一个一维数组的例子：

```
using System;
class Test
{
  static void Main()
  {
    int[] arr=new int[3];              //用new运算符建立一个3个元素的一维数组
    for(int i=0;i<arr.Length;i++)      //arr.Length是数组类变量，表示数组元素个数
    arr[i]=i*i;                        //数组元素赋初值，arr[i]表示第i个元素的值
    for (int i=0;i<arr.Length;i++)     //数组第一个元素的下标为0
     Console.WriteLine("arr[{0}]={1}",i,arr[i]);
  }
}
```

这个程序创建了一个int类型3个元素的一维数组，初始化后逐项输出。其中arr.Length表示数组元素的个数。注意数组定义不能写为C语言格式：int arr[]。程序的输出为：

arr[0] = 0
arr[1] = 1
arr[2] = 4

上面的例子中使用的是一维数组，下面介绍多维数组：

string[ ] a1;//一维string数组类引用变量a1
string[,] a2;//二维string数组类引用变量a2
a2=new string[2,3];
a2[1,2]="abc";

任务六　掌握C#语言的字符串类（string类）

C#还定义了一个基本的类string，专门用于对字符串的操作。这个类也是在名字空间System中定义的，是类System.String的别名。字符串应用非常广泛，在string类的定义中封装了许多方法，下面的一些语句展示了string类的一些典型用法。

（一）字符串定义

string s;//定义一个字符串引用类型变量s
s="Zhang";//字符串引用类型变量s指向字符串"Zhang"

55

string FirstName="Ming";

string LastName="Zhang";

string Name=FirstName+" "+LastName;//运算符+已被重载

string SameName=Name;

char[] s2={'计','算','机','科','学'};

string s3=new String(s2);

（二）字符串搜索

string s="ABC科学";

int i=s.IndexOf("科");

搜索"科"在字符串中的位置，因第一个字符索引为0，所以"A"索引为0，"科"索引为3，因此这里i=3，如没有此字符串i=-1。注意C#中，ASCII码和汉字都用2字节表示。

（三）字符串比较函数

string s1="abc";

string s2="abc";

int n=string.Compare(s1,s2);//n=0

n=0表示两个字符串相同；n小于零，s1<s2；n大于零，s1>s2。此方法区分大小写。也可用如下办法比较字符串：

string s1="abc";

string s="abc";

string s2="不相同";

if(s==s1)//还可用!=。虽然String是引用类型，但这里比较两个字符串的值

s2="相同";

（四）判断是否为空字符串

string s="";

string s1="不空";

if(s.Length==0)

s1="空";

（五）得到子字符串或字符

string s="取子字符串";

string sb=s.Substring(2,2);//从索引为2开始取2个字符，Sb="字符"，s内容不变

char sb1=s[0];//sb1='取'

Console.WriteLine(sb1);//显示：取

（六）字符串删除函数

string s="取子字符串";

string sb=s.Remove(0,2);//从索引为0开始删除2个字符，Sb="字符串"，s内容不变

（七）插入字符串

string s="计算机科学";

string s1=s.Insert(3,"软件");//s1="计算机软件科学"，s内容不变

（八）字符串替换函数

string s="计算机科学";

string s1=s.Replace("计算机","软件");//s1="软件科学"，s内容不变

（九）把String转换为字符数组

string S="计算机科学";

char[] s2=S.ToCharArray(0,S.Length);//属性Length为字符类对象的长度

（十）其他数据类型转换为字符串

int i=9;

string s8=i.ToString();//s8="9"

float n=1.9f;

string s9=n.ToString();//s8="1.9"

其他数据类型都可用此方法转换为字符类对象。

（十一）大小写转换

string s="AaBbCc";

string s1=s.ToLower();//把字符转换为小写，s内容不变

string s2=s.ToUpper();//把字符转换为大写，s内容不变

（十二）删除所有的空格

string s="A bc ";

s.Trim();//删除所有的空格

（十三）字符串拆分

String str="abc#def#hijkl#mn";

string[] s = str.Split(new char[] { '#' });

结果就是：

s[0]="abc";

s[1]="def";

s[2]="hijkl";

s[3]="mn";

string类其他方法的使用请用帮助系统查看，方法是打开Visual Studio.Net的代码编辑器，键入string，将光标移到键入的字符串string上，然后按F1键。

任务七　理解C#的类型转换

对C#数据类型这块做了简单的总结。常用的C#数据类型转换有隐式转换、显式转换、Parse、Tostring、Convert的转换等。

（一）隐式转换

当对简单的值类型进行转换时，如果是按照 Byte、short、int、long、float、double从左到右（从短到长）的顺序进行转换，可以直接进行转换（隐式转换），不用做任何说明。简单的代码示例如下：

```
static void Main(string[] args)
    {
        int a = 10;
        long b = a;
        Console.Write("b的值为："+b);
        Console.ReadKey();
    }
```

（二）显式转换

依然是对值类型进行转换时，从长字节转换成短字节，直接转换的话，编译器会提示"无法将类型 *转换为类型*，存在一个显式转换"，这时需要进行强制转换（显式转换）。显式类型转换又称强制转换。与隐式类型转换不同的是，显式类型转换需要明确地指定转换的类型。简单的代码示例如下：

```
static void Main(string[] args)
    {
        long a = 10;
        int b = (int)a;
        Console.Write("b的值为："+b);
        Console.ReadKey();
    }
```

每种数据类型都存在自身的范围，例如byte类型的范围是0~255，int型的范围是0~65 535，当int型转换成byte类型时，如果超出了自身的范围会怎么处理呢？看下面的代码示例：

```
staticvoid Main(string[] args)
```

```
    {
        int a = 256;
        byte b = (byte)a;
        Console.Write("b的值为："+b);
        Console.ReadKey();
    }
```

这段代码的运行结果 "b的值为0"，如果把a的值改为257，则b的值为1。结果是怎么来的呢？编译器会把256转换成对应的二进制，也就是100000000，当转换成byte类型时（8位二进制数），会将超出8位的部分截掉，因此结果变成了0。

（三）ToString()转换

当把值类型转换成字符串类型时，可以直接调用值类型的方法ToString()进行转换，另外ToString还可以将结果转换成相应的进制形式，简单的代码示例如下：

```
staticvoid Main(string[] args)
    {
        //转换为对应的字符串类型
        int a = 256;
        string b =a.ToString();
        Console.Write("b的值为："+b);
        Console.ReadKey();
    }
```

（四）Parse方法

int、long、float类型都有Parse方法，可以将字符串转换为对应的数据类型。

Parse方法：将特定格式的字符串转换为指定的数据类型。

Parse方法的使用格式为：

　　数据类型.Parse（字符串型表达式）

简单的代码实例（控制台应用程序）如下：

```
staticvoid Main(string[] args)
    {
        int a = 256;
        string b ="256";
        if(int.Parse(b)==a)
        {
            Console.Write("a和b的值相等！");
            Console.ReadKey();
```

    }
}

（五）Convert方法

Convert将一个基本数据类型转化为另一基本数据类型。

支持的转化类型：受支持的基类型是 Boolean、Char、SByte、Byte、Int16、Int32、Int64、UInt16、UInt32、UInt64、Single、Double、Decimal、DateTime 和 String。简单的代码实例（ASP.NET应用程序）如下：

```csharp
protected void Button1_Click(object sender, EventArgs e)
{
    double a,b;
    int c;
    //将标签3的内容转换为双精度型，赋值给a变量，即保存到a变量中
    a = Convert.ToDouble(TextBox1.Text);
    //将标签5的内容转换为双精度型，赋值给b变量
    b = Convert.ToDouble(TextBox2.Text);
    //把结果双精度型转化为整型
    c =  Convert.ToInt32(a + b);
    //只显示整数部分
    Label1.Text = c.ToString();
}
```

任务八 掌握C#语言的控制语句

控制语句我们不是第一次接触了，其实在之前讲解关系运算符的时候已经用到了其中的if与else控制条件语句，用其来做条件的判断。控制语句能把变量与运算符连接组合起来形成更复杂的语句描述现实世界。

（一）条件语句

程序开发中，开发人员经常遇到选择性的问题，条件是否满足，如满足执行A步骤，不满足执行B步骤，这就需要在程序中使用条件语句。if是最常用的条件语句，同时，if还包括if、if else、if else if等语句，用于执行复杂的条件选择。

1.if语句的使用方法。

（1）声明if语句。if语句的语法如下所示：

if(布尔值) 程序语句

若布尔值为true，则会执行程序语句；当布尔值为false时，程序会跳过执行的语句执行，示例代码如下所示：

```
            if (true)                                    //使用if语句
            {

                                                         //需执行的代码
            }
```

上述代码首先会判断if语句的条件，因为if语句的条件为true，所以if语句会执行大括号内的代码，但如果if语句的条件为false，则不会执行大括号内的代码，相当于被忽略了。

（2）声明if else语句。if else语句的语法如下所示：

if(布尔值) 程序语句1 else 程序语句2

同样，若布尔值为true，则程序执行程序语句1；但当布尔值为false时，程序则执行程序语句2，示例代码如下所示：

```
            string str="";
            if (true)                                    //使用if语句判断条件
            {
                str="为真";                               //当条件为真时执行语句
            }
            else                                         //如果条件不成立则执行
            {
                str="为假";                               //当条件为假时执行语句
            }
```

上述代码中if语句的条件为true，所以if语句会执行第一个大括号中间的代码，而如果将true改为false，则if语句会执行第二个大括号中的代码，故本示例str的值为"为真"。

（3）声明if else if语句。当需要进行多个条件判断时，可以编写if else if语句执行更多条件操作，示例代码如下所示：

```
            string result="";                            //存放成绩分类结果
            int chengji=85;                              //考生成绩
            if (chengji >= "90")
            {
                result="优秀";                            //result赋值为优秀
            }
            else if (month)>=80)
            {
                result="良好";                            //result赋值为良好
            }
```

```
        else if (month == "60")
        {
            result="合格";                              //result赋值为合格
        }
        else                                             //当都不成立时执行
        {
            result="不合格";                            //输出默认情况
        }
```

上述代码会根据chengji变量的值来判断其分类，如果大于等于90，就会执行相应的大括号中的代码，否则会继续进行判断；如果判断该成绩既不是大于等于80也不是大于等于60，说明所有的条件都不符合，则会执行最后一段大括号中的代码，因此本例result结果为良好。

2. switch语句的使用方法。switch语句根据某个传递的参数的值来选择执行的代码。在if语句中，if语句只能测试单个条件，如果需要测试多个条件，则需要书写冗长的代码。而switch语句能有效地避免冗长的代码并能测试多个条件。

switch语句的语法如下所示：

```
        switch (参数的值)
        {
            case 参数的对应值1: 操作1; break;
            case 参数的对应值2: 操作2; break;
            case 参数的对应值3: 操作3; break;
            default           : 操作4; break;
        }
```

从上述语法格式中可以看出switch的语法格式。在switch表达式之后跟一连串case标记相应的switch块。当参数的值为某个case对应的值时，switch语句就会执行对应的case的值后的操作，并以break结尾跳出switch语句。若没有对应的参数时，可以定义default条件，执行默认代码，示例代码如下所示：

```
        string str = "";
        int money = 200;
        switch (money)
        {
            case 500: str = "一等奖"; break;
            case 200: str = "二等奖"; break;
            case 30:  str = "三等奖"; break;
            default: str = "没奖励"; break;
        }
```

在上述代码中，money整型变量代表的是获奖的奖金，这里我们假设其单位为万，为了简洁表示，在代码里我们忽略了值的单位，字符串变量str代表的是奖项的头衔。在代码里每个case后都会有一个break，而case是有执行顺序的，按照谁在前谁先执行的原则由上而下执行，我们可以看到上述代码首先会执行case 500开头的语句，程序先判断money是否等于500，在此由于不符合此条件，则不会执行case 500所对应的switch块代码。程序接着去到第二个case 200，由于条件符合，则赋值str为"二等奖"，接着执行break语句跳出swtich所控制的范围，继续执行switch大括号后的语句代码。我们会发现代码里有一句比较特别的是以default开头的语句，什么情况用到它呢？即当由上而下都不满足switch语句内的case条件时，即默认执行的语句，以上述程序为例，当money=0时，其与所有条件不成立的时候，默认就是来到default语句，把"没奖励"赋值给str，然后执行break跳出switch控制，继续执行下面的代码。

（二）循环语句

程序开发中，经常需要对某个代码块执行循环，使编译器能够重复执行某个代码块来完成计算。循环能够减少代码量，避免重复输入相同的代码行，也能够提高应用程序的可读性。常见的循环语句有for、while、do、for each。

1. for循环语句的使用方法。for循环一般用于已知重复执行次数的循环，是程序开发中常用的循环条件之一。当for循环表达式中的条件为true时，就会一直循环代码块。表达式中的条件为false时，for循环会结束循环并跳出。for循环语法格式如下所示：

```
for(初始化表达式,条件表达式,迭代表达式)
{
    循环语句
}
```

for循环的优点就是for循环的条件都位于同一位置，同样，循环的条件可以使用复杂的布尔表达式表示。for循环表达式包含三个部分，即初始化表达式、条件表达式和迭代表达式。当for循环执行时，将按照以下顺序执行：

（1）在for循环开始时，首先运行初始化表达式。

（2）初始化表达式初始化后，则判断表达式条件。

（3）若表达式条件成立，则执行循环语句。

（4）循环语句执行完毕后，迭代表达式执行。

（5）迭代表达式执行完毕后，再判断表达式条件并循环。

for语句循环示意图如图3-1所示。

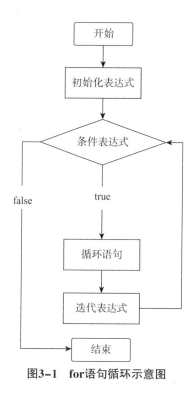

图3-1 for语句循环示意图

开发人员能够通过编写for循环语句进行由1到100的自然数相加，示例代码如下所示：

```
int result=0;
for (int  i =1; i <= 100; i++)                    //循环100次
    {
        result=result+i;                          //输出result累加i变量
    }
```

示例代码中for的条件是先初始化i的值为1，只要其小于等于100，即执行for括号内的语句，然后i自动加1，然后再循环判断i++后是否还小于等于100，如是继续自加1，每循环一次，result就会在原有的值上累加i的值，由此实现了100以内的自然数相加的计算。

2. while循环语句的使用方法。while语句同for语句一样都可以执行循环，while语句是除了if语句以外另一个常用语句，while语句的使用方法基本上和if语句相同，其区别就在于，if语句一般需要先知道循环次数，而while语句即便不知道循环次数也可以使用。while语句基本语法如下所示：

```
while(布尔值)
{
    执行语句
}
```

while语句包括两个部分：布尔值和执行语句。while语句执行步骤一般如下所示：

（1）判断布尔值。

（2）若布尔值为true则执行语句，否则跳过。

while语句循环示意图如图3-2所示。

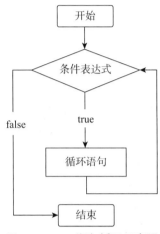

图3-2　while语句循环示意图

while语句示例代码如下所示：

```
    x = 100;                    //声明整型变量
    while (x != 1)              //判断x不等于1
    {
        x--;                    //x自减操作
    }
```

上述代码中，声明并初始化变量x等于100，当判断条件x!=1成立时，则执行x自减操作，直到条件x!=1不成立时才跳过while循环。

3. do while循环语句的使用方法。do while循环和while循环十分相似，区别在于do while循环会执行一次执行语句，然后再判断while中的条件。这种循环称为后测试循环，当程序需要执行一次语句再循环的时候，do while语句是非常实用的。do while语句语法格式如下所示：

```
    do
    {执行语句}
    while(布尔值);
```

do while语句包含两个部分：执行语句和布尔值。与while循环语句不同的是，执行步骤首先执行一次执行语句，具体步骤如下所示：

（1）执行一次执行语句。

（2）判断布尔值。

（3）若布尔值为true，则继续执行，否则跳出循环。

do while语句循环示意图如图3-3所示。

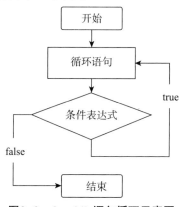

图3-3 do while语句循环示意图

do while语句示例代码如下所示：

```
int x=90;                    //声明整型变量
do                           //首先执行一次代码块
{
    x ++;                    //x自增一次
}
while (x < 90);              //判断x是不是小于90
```

上述代码在运行时会执行一次大括号内的代码块，执行完毕后才会进行相应的条件判断，所以就算x初始为90已不满足while条件，但还是会先执行do语句的x++操作，使x为91。

4. foreach循环语句的使用方法。for循环语句常用的另一种用法就是对数组进行操作（数组是一个引用类型，为某一数据类型的集合），C#还提供了foreach循环语句，如果想重复集合或者数组中的所有条目，使用foreach是很好的解决方案。foreach语句语法格式如下：

  foreach (局部变量 in 集合)
   {执行语句;}

foreach语句执行顺序如下所示：

（1）集合中是否存在元素。

（2）若存在，则用集合中的第一个元素初始化局部变量。

（3）执行控制语句。

（4）集合中是否还有剩余元素，若存在，则将剩余的第一个元素初始化局部变量。

（5）若不存在，结束循环。

foreach语句循环示意图如图3-4所示。

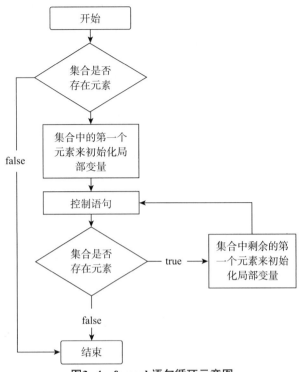

图3-4　foreach语句循环示意图

foreach语句示例代码如下所示：

```
string[] str = { "hello ", " world", " nice", " to", " meet", " you" };   //定义数组变量
string str1=" ";                        //存放数据所有元素链接后的字符串变量
foreach (string s in str)               //如果存在元素则执行循环
{
    str1=str1+s;                        //str为集合，s代表其内的个体
}
```

上述代码声明了数组str，并对str数组进行遍历循环，把其元素一一链接到str1，因此str1最后的结果为"hello world nice to meet you"。

情景上机实训

一、实验目的

掌握C#语言基本语法在Visual Studio 2010环境中的应用。

二、实验步骤

◆ 创建ASP.NET网站，名为website3。

◆ 添加ASP.NET Web页面文件，命名为wb3。在此页面放入2个TextBox控件，

ID为qh1、qh2；1个Button按钮，ID为sum，text属性为"求和"；1个显示结果按钮Label，ID为show。

◆ 双击Button按钮，在其对应响应代码处写入以下代码：

```
protected void sum_Click(object sender, EventArgs e)
    {
        double a,b,c;
        //将标签3的内容转换为双精度型，赋值给a变量，即保存到a变量中
        a = Convert.ToDouble(qh1.Text);
        //将标签5的内容转换为双精度型，赋值给b变量
        b = Convert.ToDouble(qh2.Text);
        //把结果双精度型转化为整型
        c = a + b;
        //显示结果
        show.Text = c.ToString();
    }
```

三、实验结果

实验结果如图3-5所示。

图3-5　实验运行结果

项目二　在线虚拟电视机

王明做完项目一后，想起在网上看到的在线虚拟TV，该项目参加省级高职类网页设计大赛还获过奖。他想了解一下它的设计原理，并完成该项设计。经查阅需要了解

类相关的一些概念，经过他的不懈努力终于完成了该项目。

 知识能力与目标：

☆ 掌握类与对象的定义。

☆ 掌握类的属性和方法的定义和使用。

☆ 掌握类与命名空间。

任务一　了解类与对象

类定义了对象的特征，对对象进行了描述。这些特征包括对象的属性、对象的方法、对象的权限，以及如何访问该对象。例如，人类是一个类，人类的特征一个头、两只手、两条腿等，王明是具体对象，属于人类，因此他具备人类所描述的特征。

类的定义格式：

[类的访问修饰符]class 类名[:基类类名]

　　{

　　　　类的成员；

　　}

说明：类名要遵循标识符命名规则，一般而言，组成类名的单词的首字母要大写。

例如，定义TV类，代码如下：

```
public class TV
{
    //定义字段
    private string _tvName="TCL";    //品牌
    private System.Drawing.Color _tvColor = System.Drawing.Color.Gray; //颜色
    private bool _IsDigital = false;    //是否数字电视
protected void open()   //TV开机方法
    {
        ...
    }
public void close( )  //TV关机方法
    {
        ...
    }
public  string Name  // 定义TV的Name属性
    {
```

        get{ return _tvName;}
        set{ _tvName = value;}
    }
}

1. 访问修饰符。你的家人进入你的卧室，但是不能查看你的日记本；你的邻居可以进入你的客厅，但是不能进入你的卧室；陌生人没有经过你的同意甚至不能进入你的客厅。访问修饰符的概念与此非常相似，用来确定对类或成员的访问权限。

public成员称为公共成员，访问级别最高，对公共成员的访问没有任何限制。

private成员称为私有成员，访问级别最低，只能在自身所属的类中才能被访问。

protected成员称为受保护成员，只能被自身所在的类或自身所在类的派生类中的代码访问。

2. 字段。字段就是一个对象含有的片段信息，可以像使用变量一样使用属性来存储信息。在C#中，可以非常自由、毫无限制地访问公有字段，但在一些场合中，可能希望限制只能给字段赋予某个范围的值，或是要求字段只能读或只能写，或是在改变字段时能改变对象的其他一些状态，这些单靠字段是无法做到的，于是就有了属性。

3. 属性。属性定义拥有两个类似于函数的块，get块用于获取属性的值，set块用于设置属性的值。这两个块也称为访问器，分别用get和set关键字来定义。可以忽略其中的一个块来创建只读或只写属性，忽略get块创建只写属性，忽略set块创建只读属性。访问器可包含访问修饰符，一般应该将属性定义成public的。属性至少要包含一个块才是有效的。属性名称一般要求单词首字母大写。

4. 方法。在面向对象的程序设计中，方法用于执行对象的各种操作，即对象的行为特征，方法是类的一个重要成员。

格式：

[访问修饰符][void]方法名(参数列表)
{
    //方法体
    [return]
}

方法定义中含有[void]的，是不需要有返回值；如果方法定义不含[void]，则需要有返回值，即必须有return语句。

参数列表有值参数和引用参数。值参数不含任何的修饰符。形参是实参的一份拷贝，方法中对形参的值的修改不会影响到实参的值，如：int a；。

引用参数用关键字ref声明。传递的参数实质上是实参的一个指针，即地址。所以方法中对形参的操作就是对实参的操作。使用引用参数时，必须在方法定义和方法调用时都明确地指明ref关键字，且要求实参变量在传递给方法前必须初始化，如：ref int a；。

任务二 创建及应用对象

类是一个静态概念，要想使用类，需要对类进行实例化，即创建对象。
格式：类名 对象名＝new 类名（）； //new关键字用来创建对象。
例如：

```
    TV mytv = new TV(); //定义TV对象
    // 创建电视机，设置并获取电视机的属性
    protected void createtv_Click(object sender, EventArgs e) //事件
    {
        //设置电视机属性
        mytv.Name = tvName.Text; //考虑为什么没用TV类中 变量 "_tvName"？
        mytv.IsDigital = IsDigital.Checked;
        mytv.Color = System.Drawing.Color.FromName(tvcolor.SelectedValue);
    }

    protected void ontv_Click(object sender, EventArgs e) //事件
    {
        mytv.open(); //调用开机事件
    }

    protected void offtv_Click(object sender, EventArgs e) //事件
    {
        mytv.close(); //调用关机事件
    }
```

从上述代码中可以看出，TV mytv = new TV()定义后，mytv就具备了TV类定义的属性和方法，mytv就是一个电视对象，TV就是电视类。

任务三 了解命名空间

命名空间（namespace）定义了一个声明区域，使得一个命名空间中的名称不会与另一个命名空间中相同的名称冲突。用户在定义了类Sort，它可能与第三方类库中的Sort类相冲突。幸运的是，命名空间可以避免这样的冲突发生，它可以限制声明在其中的名称的可见性。

（一）命名空间的定义（关键词 namespace）

```
namespace mynamespace1
{
```

```
    public class TV
    {
      ……….
    }
}
namespace  mynamespace2
{
    public class TV
    {
……….
    }
}
```

（二）命名空间的使用（关键词 using）

using mynamespace1;

using mynamespace2;

或

using mynamespace1.TV;

using mynamespace2.TV;

情景上机实训

一、实验目的

掌握C#语言类在ASP.NET网站中的应用。

二、实验步骤

◆ 创建ASP.NET网站（mywebsite4），添加页面myxntv.aspx，设计界面如图3-6所示。

图3-6　设计界面

◆ 设计界面对应控件命名详情如表3-4所示。

表3-4 界面设计控件应用详情表

格式：控件类型/控件ID/控件的Text值			
Lable/lable1/电视机品牌：	TextBox/tvName/	CheckBox/IsDigital/数字电视机	Label/Label2/颜色：	DropDownList/tvcolor/红色|蓝色|绿色
Button/createtv/创建电视机	Button/ontv/开机		Button/offtv/关机
Image/tvShow/			
TextBox/tvInfo/	TextBox/ch		Button/selecttv

◆ 在解决方案资源管理中，右击"mywebsite4"，添加类，命名为：TV，TV类通常会放在系统自动生成的App_Code文件夹下。打开TV类，写入以下代码：

```
public class TV
{
    private string _tvName="TCL";    //品牌
    private System.Drawing.Color _tvColor = System.Drawing.Color.Gray; //颜色
    private bool _IsDigital = false;    //是否数字电视
    static string Chs ; // 图片地址
    public string[] Choose = new string[4];
    public  string Name //设置或获取电视机品牌
    {
        get{ return _tvName;}
        set{ _tvName = value;}
    }
    public  bool  IsDigital   //设置或获取电视机是否是数字电视属性
    {
        get{return _IsDigital;}
        set{_IsDigital = value;}
    }
    public System.Drawing.Color Color  //设置或获取电视机颜色属性
    {
        get{return _tvColor;}
        set {_tvColor = value;}
    }
    public void open() //开机时预设图片
    {
```

```csharp
        Chs = "pic/01.gif,pic/02.gif,pic/03.gif,pic/04.gif";
        Choose = Chs.Split(',');
    }
    public void close()
    {
            Chs =null;
            Array.Clear(Choose, 0, 4); //清空数组的内容
    }
}
```

◆ 分别双击createtv、ontv、offtv、selecttv 4个Button按钮，打开myxntv.cs界面，写入代码：

```csharp
public partial class myxntv : System.Web.UI.Page
{
    TV mytv = new TV(); //定义TV对象
    protected void createtv_Click(object sender, EventArgs e)
    {
        //设置电视机属性
        mytv.Name = tvName.Text;
        mytv.IsDigital = IsDigital.Checked;
        mytv.Color =  System.Drawing.Color.FromName(tvcolor.SelectedValue);
        //获取电视机属性
         string dg;
         if (mytv.IsDigital)
        {
            dg = "高清电视";
        }
        else
        {
            dg = "非数字电视";
        }
        tvInfo.Text = mytv.Name + "牌  电视机  " + dg;
        tvInfo.BackColor = mytv.Color;
    }
    protected void ontv_Click(object sender, EventArgs e) //开机事件，将电视频道设为第一个频道
    {
```

```
        mytv.open();
        tvShow.ImageUrl = mytv.Choose[0];
    protected void offtv_Click(object sender, EventArgs e) //关机事件,清空电视频道
    {
        mytv.close();
        tvShow.ImageUrl = null;
    }
    protected void selecttv_Click(object sender, EventArgs e) //选台事件
    {
        mytv.open();
        int n = Convert.ToInt16(ch.Text) - 1;
        tvShow.ImageUrl = mytv.Choose[n];
    }
}
```

三、运行结果

运行结果如图3-7所示。

图3-7 实验结果

习 题

一、选择题

1. 关于C#语言的基本语法,下列哪些说法是正确的?(　　)

A. C#语言使用using 关键字来引用.NET 预定义的名字空间

B. 用C#编写的程序中，Main 函数是唯一允许的全局函数

C. C#语言中使用的名称不区分大小写

D. C#中一条语句必须写在一行内

2. 在编写C#程序时，若需要对一个数组中的所有元素进行处理，则使用（　　）循环体最好。

　　A. for循环　　　　B.foreach循环　　　　C. while循环　　　　D. do 循环

3. 对于在代码中经常要用到的且不会改变的值，可以将其声明为常量。如圆周率PI始终为3.14。现在要声明一个名为PI的圆周率常量，下面哪段代码是正确的？（　　）

　　A.const float PI; PI = 3.14f;　　　　B.const float PI = 3.14f;

　　C.float const PI; PI = 3.14f;　　　　D.float const PI = 3.14f;

4. 在C#中无须编写任何代码就能将int型数值转换为double型，称为（　　）。

　　A.显式转换　　　　　　　　　　　　B.隐式转换

　　C.数据类型变换　　　　　　　　　　D.变换

5. 类的命名控件关键词是（　　），使用类的命名控件关键词是（　　）。

　　A.using　　　　B.namespace　　　　C. name　　　　D. import

二、简答题

1. 简述C#语法命名规则。

2. 简述string类常用函数的用法及C#类型转换的应用。

3. for循环、while循环、do while循环有什么区别？

4. 简述类的定义及对象创建，并举例说明。

单元四

ASP.NET服务器控件

ASP.NET之所以开发方便和快捷,关键是它有一组强大的控件库。ASP.NET服务器控件是ASP.NET的重要组成部分,基于ASP.NET开发的所有页面几乎都含有一个或多个服务器控件。这些控件有各种各样的类型和用法,有简单的如Label、Textbox控件,也有复杂的数据库控件,可以分为Web标准控件、HTML控件、验证控件、数据控件、导航控件等几类。本单元,我们将重点介绍ASP.NET Web控件和验证控件,在单元七再介绍数据控件。

项目一 使用ASP.NET Web控件

 情景：

王明要编写一个网页,该网页可以收集个人资料,比如姓名、性别、身份、爱好、学历、专业等,单击提交按钮后,可以生成综合信息。他查阅了资料,知道ASP.NET的Web控件可以实现这些功能。

 知识能力与目标：

☆ 了解ASP.NET服务器控件的属性。
☆ 熟悉常见的ASP.NET服务器控件的使用方法。
☆ 熟悉选择类控件的属性和用法。

任务一 ASP.NET服务器控件概述

控件是构成可视化用户界面(GUI)的基本元素,常见的控件包括按钮、输入框、下拉列表等。ASP.NET服务器控件是ASP.NET的重要组成部分,在用ASP.NET构建的页面中几乎都含有服务器控件。

（一）服务器控件的基本属性

大多ASP.NET服务器控件都具有一些共同的属性，例如，每个控件都有一个ID，用来在页面中唯一地标识它；还有一个Runat属性，总是设置为Server，表示应在服务器上处理控件，等等。除此之外，ASP.NET服务器控件还具有大量基本属性，共分为六大类：布局、行为、可访问性、数据、外观和杂项，如图4-1所示。

表4-1列出了一些常见的属性，并说明了它们的用途。

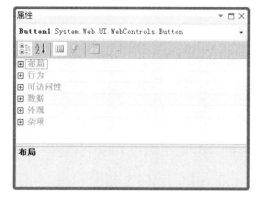

图4-1 ASP.NET 控件基本属性

表4-1 常见属性与说明

属性	说明
AccessKey	允许设置快捷键，例如AccessKey="B"，表示按Alt+B键，光标即移至该control
BackColor ForeColor	允许修改浏览器中背景的颜色和控件文本的颜色
BorderColor BorderStyle BorderWidth	设置服务器控件边框的颜色、样式和宽度
Enabled	确定用户是否可以与浏览器中的控件交互，若设定成false，则控件为只读
Font	允许定义与字体有关的各种设置，比如 Font-Size、Font-Name 和 Font-Bold、Font-Italic等
Height Width	设置控件的高度和宽度
ID	控件在页面中的唯一标识
ToolTip	允许设置控件的工具提示。这个工具提示在 HTML 中被呈现为标题属性，当用户把鼠标指针悬停在相关 HTML 元素上时就会显示出来
Visible	确定是否将控件发送给浏览器，是否可见

（二）事件和事件处理程序

ASP.NET的服务器控件的事件用于在Web窗体上处理用户提交的要求，使得服务器得以运行触发。当一个用户操作Web窗体上的某个控件时，就会触发该控件的一个事件。比如，可以向 ASP.NET 网页中添加一个按钮，然后为该按钮的 Click 事件编写事件处理程序，当用鼠标单击了该按钮后，页面就会引发这个Click事件，并调用相应的过程来处理这个事件。

从Visual Studio.NET工具箱拖放一个Web服务器控件，如一个按钮，到Web窗体上,切换到代码编辑窗口,选择类名和相应的事件,如图4-2所示。在事件选择下拉列表框中可以看到该控件所有的事件名称,例如Click、Command等。

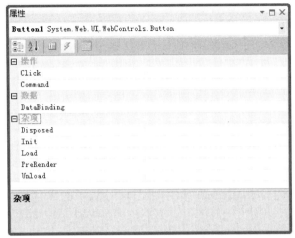

图4-2　ASP.NET 控件事件

在ASP.NET中,"事件处理程序"是相应事件发生时调用的子程序,事件处理程序定义了事件发生后如何执行操作的内容,是实现与用户交互的关键部分,必须包含与事件声明时相同数量和相同类型的参数,例如, 要为ID为MyButton的按键添加Click事件,可以在属性中的Click事件里,写上相应的函数名,双击,就去到后台文件函数所在的位置,有以下的样式:

protected void Button1_Click(object sender, EventArgs e)

{...}

任务二　简单Web服务器控件

常见的Web服务器控件主要有Label、TextBox、Button,它们完成了最基本的信息输入、信息输出和提交,几乎每个网页都包含有这三个控件。

(一)Label控件

Label控件又称标签控件,主要用来显示文本信息。基本语法如下:

<asp:Label ID="Label1" runat="server" Text="Label"></asp:Label>

Label控件具有任务一介绍的服务器控件的基本属性,下面详细介绍一下Label控件的一些重要属性。

1. ID属性。ID属性用来惟一标识Label控件,程序开发人员在编程过程中可以利用ID属性调用该控件的属性、方法和事件,可以通过属性对话框对ID属性进行设置,也可以自己在源代码页面输入。一个页面里的不同的Label控件必须都具有不同的ID属性。

2. Text属性。Text属性用来设置Label控件所显示的文本内容。可以在程序中通过LabelID.Text= "内容"来让相应的Label显示内容。

3. Visible属性。Visible属性设定该Label控件是否可见，主要有True和False两个值，可以在界面设置时设定，也可以在程序中改变，代码为：Label.Visible = True/False。Visible属性在实际应用中用得比较多，可以让某个Label先不可见，在某个事件发生后，这个Label控件才出现。

（二）TextBox控件

TextBox 控件用于创建用户可输入文本的文本框，基本语法如下：

<asp:TextBox ID="TextBox1" runat="server"></asp:TextBox>

下面介绍该控件的一些重要属性。

1. AutoPostBack属性。AutoPostBack属性为布尔值，有True和False两个值，用来规定当内容改变时，是否回传到服务器，默认是False。

2. TextMode属性。TextMode属性规定 TextBox 的内容属性，有SingleLine、MultiLine、Password三个值。SingleLine表示单行输入模式，MultiLine表示多行输入模式，Password表示密码输入模式，默认值为SingleLine。

3. Wrap属性。Wrap 属性用于设置或返回在多行文本框中文本内容是否换行，该属性仅在 TextMode="Multiline" 时使用。

（三）Button控件

Button控件用于显示按钮，按钮可以是提交按钮或命令按钮。默认为提交按钮。提交按钮在被单击时会把网页传回服务器；命令按钮拥有命令名称，且允许在页面上创建多个按钮控件来实现不同命令，这两种按钮可以编写事件控件来控制被单击时执行的动作。语法结构如下：

<asp:Button ID="Button1" runat="server" Text="Button" />

Button控件的主要属性有：

1. OnClientClick 属性。OnClientClick 属性用来指定在引发某个 Button 控件的 Click 事件时所执行的附加客户端脚本。例如：

<asp:button id="Button1" text=" OnClientClick例子" onclientclick=" ScriptFun()" runat="server"/>

这样，只要写好客户端脚本函数ScriptFun()，当按钮被按下，就会执行ScriptFun函数。

2. PostBackUrl 属性。PostBackUrl 属性用来获取或设置单击Button控件时从当前页发送到的网页的 URL。例如：

<asp:button id="Button2" text=" PostBackUrl 例子" postbackurl=" PostBackUrlPage.aspx" runat="Server" />

只要按钮被单击，就会跳转到PostBackUrlPage.aspx页面。

3. CommandName属性。当Button控件作为命令按钮时，CommandName属性用于获取或设置命令名，该命令名与传递给 Command 事件的 Button 控件相关联，当在网页上具有多个 Button 控件时，可使用 CommandName 属性来指定与每一 Button 控件关联的命令名。

另外，有两个控件ImageButton和 LinkButton也和Button控件有相似的属性与用法，ImageButton控件用图像来表示可单击的按钮，LinkButton控件用超链接样式来表示可单击的按钮。三者的区别是，页面运行后，Button控件最终生成的是HTML表单控件中的提交按钮，type为submit；ImageButton控件最终生成的也是HTML表单控件，type为image；LinkButton控件生成的HTML标签是超链接，只是"href"属性指向一个浏览器端的javascript函数（__doPostBack函数）。

任务三　选择类控件

有一些服务器控件在与用户的交互中允许用户选择一个或多个数据值，这类服务器控件称为选择类控件，主要包括CheckBox、CheckBoxList、RadioButton、RadioButtonList、ListBox、DropDownList。

（一）CheckBox控件

CheckBox控件为复选框控件，用户可以通过该控件选择一个内容，当选定状态发生变化时复选框控件会触发CheckedChanged事件，其基本语法如下：

<asp:CheckBox ID="CheckBox1" runat="server" />

主要的属性有：

1. Check属性。Check属性用于获取或设置一个值，该值指示是否已选中 CheckBox控件，为布尔类型，有True和False两个值，如果为True，则指示选中状态；否则为False。默认值为False。

2. AutoPostBack属性。AutoPostBack属性用于获取或设置一个布尔类型的值，该值指示在单击时CheckBox状态是否自动回发到服务器。

3. TextAlign 属性。获取或设置与 CheckBox控件关联的文本标签是显示在该控件的左侧还是右侧，主要有Right和Left两个值，默认值为Right。

运行之后，在网页中的表现如图4－3所示。

图4-3　CheckBox控件

（二）CheckBoxList控件

CheckBoxList控件为复选框列表，它把多个CheckBox作为一组使用，每一个CheckBox在CheckBoxList中作为一个<asp:ListItem></ ListItem>项，当复选框列表有表项选定状态发生变化时，可以触发SelectedIndexChanged事件。

CheckBoxList控件一些常用的属性是用来设置各个复选框表项的布局。

1. CellPadding：设置表单元格的边框和内容之间的距离。

2. CellSpacing：设置单元格之间的距离。

3. RepeatColumns：设置要在 CheckBoxList 控件中显示的列数。

4. RepeatDirection：设置一个值（Vertical|Horizontal），指示控件是垂直还是水平显示。

5. RepeatLayout：设置一个值，指定是否将使用table 元素、ul 元素、ol 元素或 span 元素来呈现列表。

可以通过"选择数据源"或"编辑项"来绑定或编辑<ListItem>项，如图4-4所示，

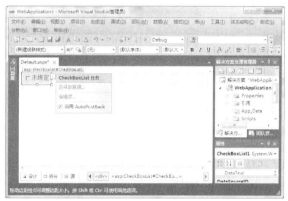

图4-4　数据绑定

选择"编辑项"之后，进入ListItem集合编辑器，如图4-5所示，通过"添加"按钮可以加入ListItem子项，在右边的窗口可以编辑ListItem项的属性，主要有Text和Value属性，分别表示子项的文本显示和数值。

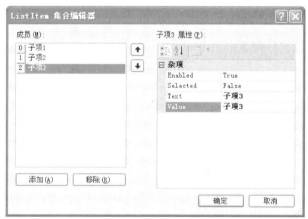

图4-5　ListItem集合编辑器

也可以通过输入语句来完成CheckBoxList控件，如下：

<asp:CheckBoxList ID="CheckBoxList1" runat="server"AutoPostBack="True">

  <asp:ListItem Value="　1"　>子项1</asp:ListItem>

<asp:ListItem Value="2">子项2</asp:ListItem>
<asp:ListItem Value="3">子项3</asp:ListItem>
</asp:CheckBoxList>

运行结果如图4-6所示。

图4-6　CheckBoxList控件

另外，也可以在后台程序写好数据绑定程序，通过页面加载或按钮等其他方式来绑定程序如下：

```
protected void Page_Load(object sender, EventArgs e)
    {
        if (!this.IsPostBack)
        {
            string[] DataToList = { "项目1", "项目2", "项目3", "项目4" };
            int k;
            for (k = 0; k <= DataToList.GetLength(0) - 1; k++)
            {Checkboxlist1.Items.Add(DataToList[k]); }
        }
    }
```

对于<ListItem>项，还有一个重要的属性Selected，有True和False两个值，表示表项有没有被选中，可以使用循环语句来依次判断Selected的值，从而判断哪些选项被选中。具体实现，可参照以下例子。

页面代码：

<form id="form1" runat="server">
　　<div>

```
        <h2>Checkboxlist控件选值</h2>
        <asp:checkboxlist ID="Checkboxlist1" runat="server">
            <asp:ListItem>项目1</asp:ListItem>
            <asp:ListItem>项目2</asp:ListItem>
            <asp:ListItem>项目3</asp:ListItem>
            <asp:ListItem>项目4</asp:ListItem>
        </asp:checkboxlist>
<asp:Button ID="submit" runat="server" Text="提交" onclick="Button1_Click" /><br />
<asp:Label ID="labShowImf" runat="server" Text="你还没选择:"></asp:Label>
    </div>
 </form>
```

Button按钮的后台程序为:

```
protected void Button1_Click(object sender, EventArgs e)
        {
            string getValue;
            getValue = "你选择的是: ";
            int i;
            for (i = 0; i <= Checkboxlist1.Items.Count - 1; i++)
            {
                if (Checkboxlist1.Items[i].Selected)
                { getValue += Checkboxlist1.Items[i].Value + ";"; }
            }
            labShowImf.Text = getValue;
        }
```

运行结果如图4-7所示。

图4-7 CheckBoxList控件选值

上面介绍了CheckBoxList控件ListItem数据绑定的方式和判断哪个ListItem被选中的方法，下面介绍的RadioButtonList控件、ListBox控件、DropDownList控件也可用相似的方法来进行数据绑定和判断，不再详细说明。

（三）RadioButton控件

RadioButton控件为单选按钮控件，当选定状态发生变化时复选框控件会触发CheckedChanged事件，属性跟用法与CheckBox相似，不同的是，RadioButton控件一旦选择了，是无法改变状态的。语法结构如下：

    <asp:RadioButton ID="RadioButton1" runat="server" text="项目"/>

运行结果如图4-8所示。

图4-8　RadioButton控件

（四）RadioButtonList控件

RadioButtonList控件与CheckBoxList相似，也是把RadioButton作为列表中的一项管理，当选项发生变化时，同样触发SelectedIndexChanged事件，主要属性也和CheckBoxList相似，不同的是，一次只能有一个列表项被选中，不需要循环语句就可以确定哪个选项被选中，可以通过SelectedItem属性来选定被选择的项。语法结构如下：

<asp:RadioButtonList ID="RadioButtonList1" runat="server">
    <asp:ListItem Value="1">项目1</asp:ListItem>
    <asp:ListItem Value="2">项目2</asp:ListItem>
    <asp:ListItem Value="3">项目3</asp:ListItem>
</asp:RadioButtonList>

可以通过RadioButtonList1.SelectedItem.Value或RadioButtonList1.SelectedValue来确定被选择的内容值。

运行结果如图4-9所示。

图4-9　RadioButtonList控件

（五）ListBox控件

ListBox控件是列表框控件，可以实现单选或多选，当选项发生变化时，可以触发SelectedIndex Changed事件。每一个子项为<asp:ListItem></ ListItem>，可以通过"选择数据源"或"编辑项"来绑定或编辑<ListItem>项。其主要的属性有以下三种。

1. Rows：设置 ListBox 控件中最多显示的行数，默认值为4。

2. SelectionMode：设置 ListBox 控件的选择模式，有Single和Multiple两个值，表示能否多选，默认值为Single；当设置为Multiple时，可以通过按住Ctrl键进行多选。

3. BorderColor、BorderStyle、BorderWidth：分别用于设置边框的颜色、样式和宽度。

图4-10　ListBox控件

语法结构如下：

```
<asp:ListBox ID="ListBox1" runat="server">
    <asp:ListItem Value="1">项目1</asp:ListItem>
    <asp:ListItem Value="2">项目2</asp:ListItem>
    <asp:ListItem Value="3">项目3</asp:ListItem>
</asp:ListBox>
```

运行结果如图4-10所示。

（六）DropDownList控件

DropDownList控件可以实现单选的下拉列表框，当选项发生变化时，触发SelectedIndex Changed事件。与CheckBoxList、RadioButtonList、ListBox控件一样，具有

<asp:ListItem></ListItem>列表项，可以通过SelectedItem属性来选定被选择的项。语法结构如下：

  <asp:DropDownList ID="DropDownListSubject" runat="server">
    <asp:ListItem Value="1">项目1</asp:ListItem>
    <asp:ListItem Value="2">项目2</asp:ListItem>
    <asp:ListItem Value="3">项目3</asp:ListItem>
  </asp:DropDownList>

同样可以通过DropDownList1.SelectedItem.Value或DropDownList1.SelectedValue来确定被选择的内容值。

运行结果如图4-11所示。

图4-11　DropDownList控件

任务四　其他标准控件

本节再介绍几个常用的服务器控件：Image控件、Calendar控件和FileUpload控件。通过这三个控件可以在页面显示图片，显示、选择日历和上传文件。

（一）Image控件

Image控件用于在ASP.NET网页中显示图像。可以从工具箱里的标准控件中选择，其语法结构为：

    <asp:Image ID="Image1" runat="server" />

主要的属性有：

1. Height和Width：在网页上为图形保留空间。当网页呈现时，将根据保留的空间相应调整图像的长和宽。

2. ImageUrl：设置图像所在的路径。

3. ImageAlign：设置图像相对于文字的对齐方式，主要有Left、Right、Top、Bottom等值。

4. AlternateText:设置当图像不能加载时，显示文本来代替它。

（二）Calendar控件

Calendar控件可显示某个月的日历，也允许用户选择日期，语法结构为：

        <asp:Calendar ID="Calendar1" runat="server"></asp:Calendar>

当用户控件选择一天、一周或整月时触发SelectionChanged事件。

主要的属性有：

1. Caption：显示在日历上方的文本。

2. SelectionMode：设置 Calendar 控件上的日期选择模式，该模式指定用户可以选择单日、一周还是整月，默认为day，单日。

3. SelecedDate: 获取或设置选定的日期。

另外，还有很多属性可以设置日历的外观，也可以用"自动套用格式"来简单设置日历控件的显示样式，如图4-12所示。

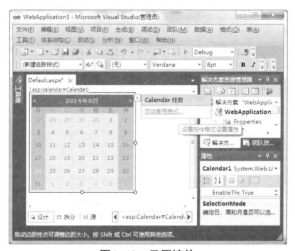

图4-12　日历控件

有几种样式可以选择，如图4-13所示。

图4-13　选择日历控件样式

运行结果如图4-14所示。

图4-14 日历控件运行结果

（三）FileUpload控件

FileUpload 控件显示一个文本框控件和一个浏览按钮，可以让用户将文件从客户端发送到服务器。用户通过单击"浏览"按钮，然后在"选择文件"对话框中定位文件来选择文件，也可以在文本框中输入本地计算机上文件的完整路径来指定要上载的文件。语法结构如下：

        <asp:FileUpload ID="FileUpload1" runat="server" />

FileUpload控件不会自动将该文件保存到服务器，用户必须提供一个控件来触发事件从而提交指定的文件。例如，可以提供一个按钮，用户单击后触发Click事件，该事件调用FileUpload控件的SaveAs方法，从而将文件内容保存到服务器上指定的路径。

主要的属性有以下五种：

1. HasFile：表示是否上传了文件。

2. FileBytes：获取上传的文件内容的字节数组表示形式。

3. FileContent：获取指定上传文件的Stream对象。

4. FileName：获取上传文件在客户端的名字。

5. PostedFile：获取一个与上传文件相关的HttpPostedFile对象，使用该对象可以获取上传文件的相关属性。

下面介绍一个简单的上传单个文件的代码。

页面语句：

```
<asp:FileUpload ID="FileUpload1" runat="server" />
<asp:Button ID="UploadButton" runat="server" Text="Button"
    onclick="UploadButton_Click" />
<br/>
<asp:label ID="Label1" runat="server" text="上传"></asp:label>
```

上传按键触发的事件：
protected void UploadButton_Click(object sender, EventArgs e)
   {
       if (FileUpload1.HasFile) // 先判断FileUpload控件是否包含文件
       {
           //获取文件名
           string fileName = FileUpload1.FileName;
           //设置保存路径
           string savePath = Server.MapPath("~/uploads/") ;
           //上传文件
           FileUpload1.SaveAs(savePath + fileName);
           Label1.Text = "你已成功上传文件："+ fileName;
       }
       else
           //FileUpload控件没有含文件
           Label1.Text = "你没有选择上传文件！";
   }

单击"浏览"按钮，选择test.jpg文件，再单击"上传"按钮，运行结果如图4-15所示。

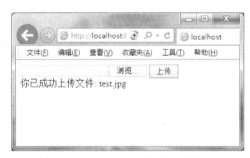

图4-15　FileUpload控件运行结果

情景上机实训

一、实验目的

掌握常见服务器控件的使用方法。

二、实验步骤

◆ 运行Visual Studio 2010，创建一个新的ASP.NET应用程序，在项目里添加一个名为GetImformation.aspx的页面。

◆ 在页面中分别添加Label、TextBox、RadioButtonList、CheckBoxList、DropDownList、ListBox、Button控件。

◆ 设置各个控件的属性，完成所要设置的功能。

具体的页面代码如下：

```
<form id="form1" runat="server">
    <div>
    <h2>填写个人信息</h2>
    <asp:Label ID="labName" runat="server" Text="姓名："></asp:Label>
     <asp:TextBox ID="tbName" runat="server"></asp:TextBox> <br />
     <asp:Label ID="labSex" runat="server" Text="性别："></asp:Label>
     <asp:RadioButtonList ID="RadioButtonListSex" runat="server"
         RepeatDirection="Horizontal">
         <asp:ListItem>男</asp:ListItem>
         <asp:ListItem>女</asp:ListItem>
    </asp:RadioButtonList> <br />
    <asp:Label ID="labHobby" runat="server" Text="爱好："></asp:Label>
    <asp:CheckBoxList ID="CheckBoxListHobby" runat="server" RepeatColumns="3">
         <asp:ListItem>足球</asp:ListItem>
         <asp:ListItem>篮球</asp:ListItem>
         <asp:ListItem>乒乓球</asp:ListItem>
         <asp:ListItem>羽毛球</asp:ListItem>
         <asp:ListItem>书法</asp:ListItem>
         <asp:ListItem>音乐</asp:ListItem>
    </asp:CheckBoxList>
    <asp:Label ID="labEducation" runat="server" Text="学历："></asp:Label><br />
    <asp:ListBox ID="ListBoxEducation" runat="server">
         <asp:ListItem>博士研究生</asp:ListItem>
         <asp:ListItem>硕士研究生</asp:ListItem>
         <asp:ListItem>全日制本科</asp:ListItem>
         <asp:ListItem>高职高专</asp:ListItem>
    <asp:ListItem></asp:ListItem>
    </asp:ListBox><br />
    <asp:Label ID="labSubject" runat="server" Text="专业："></asp:Label>
    <asp:DropDownList ID="DropDownListSubject" runat="server">
         <asp:ListItem>司法信息技术</asp:ListItem>
         <asp:ListItem>司法警务</asp:ListItem>
```

```
            <asp:ListItem>司法鉴定</asp:ListItem>
            <asp:ListItem>狱政管理</asp:ListItem>
        </asp:DropDownList><br />
        <asp:Button ID="submit" runat="server" Text="提交" onclick="submit_Click" /><br />
        <asp:Label ID="showImf" runat="server" Text=""></asp:Label>
    </div>
    </form>
```

获取各个控件所选择的值,为按钮submit添加后台函数submit_Click,代码如下:

```
protected void submit_Click(object sender, EventArgs e)
        {
            string getValue;
            getValue = "你的信息为：<br/>";
            getValue +="姓名：";
            getValue += tbName.Text+",";
            getValue +="性别：";
            getValue += RadioButtonListSex.SelectedValue+ ",";
            getValue +="爱好：";
            int i;
            for (i = 0; i <= CheckBoxListHobby.Items.Count - 1; i++)
            {
                if (CheckBoxListHobby.Items[i].Selected)
                { getValue += CheckBoxListHobby.Items[i].Value + "，"; }
            }
            getValue += "学历：";
            for (i = 0; i <= ListBoxEducation.Items.Count - 1; i++)
            {
                if (ListBoxEducation.Items[i].Selected)
                { getValue += ListBoxEducation.Items[i].Value + "，"; }
            }
            getValue += "专业：";
            getValue += DropDownListSubject.SelectedValue;
            showImf.Text = getValue;
        }
```

填写或选择个人信息后,单击"提交"按钮,运行结果如图4-16所示。

单元四　ASP.NET服务器控件

图4-16　运行结果

项目二　使用ASP.NET的验证控件

 情　景：

王明要编写一个网页，可以让用户注册，输入自己的信息，但内容又不能随意输入，必须有一定的限制，并按照一定的规则来输入。通过学习，他知道了必须通过ASP.NET中的验证控件来实现输入信息的验证。

 知识能力与目标：

☆　认识ASP.NET验证控件的用途。
☆　熟悉6种验证控件的相关属性和使用方法。

任务一　ASP.NET验证控件

（一）验证控件概述

当网页需要用户输入信息的时候，用户不一定会按照网页的要求规规矩矩去输入，为了保证输入数据的有效性，一般要对用户输入数据的值、范围和格式等进行验证。对输入内容的验证，可以在客户端也可以在服务器端进行，这两种方法各有优缺点。

客户端验证是指通过客户端脚本（如JavaScript、VBScript等）来进行检查，可以在提交Web窗体之前就验证用户输入的数据的有效性并给出提示，这样避免了服务器端验证请求、响应的往返过程，有减小网络流量、加快反应速度、提高效率等优点。但是由于验证规则完全放在客户端脚本，也会存在安全隐患，不怀好意的窥探者可以从这些客户端代码找出脚本的漏洞或者某些跳过脚本验证的方法。另外，这些客户端验证脚本的编写还得有多个版本来适应不同的浏览器。

服务器端验证是指表单提交到服务器之后，所有的验证代码都在服务器上进行。用户看不到验证脚本，可以有效防止恶意绕过客户端验证脚本，提高安全性和可靠性，设计代码时，也不用考虑不同的浏览器，但是大量的复杂验证会降低服务器的性能。

ASP.NET有丰富的验证控件来支持客户端验证和服务器端验证，服务器端编译后会生成JavaScript或DHTML发送给客户端进行验证，如果浏览器支持JavaScript或DHTML，验证就在客户端进行；如果浏览器不支持JavaScript和DHTML，验证就在服务器上进行。ASP.NET提供的验证控件主要有以下6种，在工具栏中可以找到，如图4-17所示。

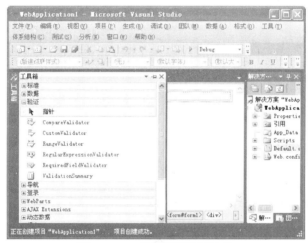

图4-17 工具箱里的验证控件

1. RequiredFieldValidator（输入验证）：用于检查是否有输入内容。
2. CompareValidator（比较验证）：将用户输入内容与设定的内容进行比较。
3. RangeValidator（范围验证）：输入用户输入内容是否在指定范围。
4. RegularExpressionValidator（正则验证）：判断用户输入内容是否与某种规定匹配。
5. CustomValidator（自定义验证）：用户自定义验证控件。
6. ValidationSummary（验证摘要）：显示所有验证控件的验证结果。

（二）验证控件属性

上面介绍的6个有效验证控件都是继承自同一个基类BaseValidator，因此它们有一些共同的属性。下面介绍这些有效验证控件常用的属性。

1. ControlToValidate：输入要检查的控件ID，将验证控件与要进行检查的控件相关联。

2. Display：表示出现错误信息时的显示方式，Static表示控件的错误信息在页面中占有肯定位置，Dymatic表示控件检查到错误信息时才占用页面控件；None表示错误出现时不显示，但是可以在ValidatorSummary中显示。

3. Text：表示验证不合法时，有效验证控件在页面上显示的文本。

4. ErrorMessage：显示错误信息。在ValidationSummary控件中引用ErrorMessage值作为错误摘要。当Text属性为空时，ErrorMessage值也会出现在页面上。

5. EnableClientScript：设置验证控件是否提供客户机上的有效性验证，默认值为True。

6. IsValid：确定输入控件的值是否通过验证。

任务二　RequiredFieldValidator控件

RequiredFieldValidator控件用来判断相关联的输入控件是否有输入，空格或Null值都会被当作无效的输入，而无法通过验证，其他任何字符都可以作为有效输入。

我们通过下面的例子介绍RequiredFieldValidator控件：

```
<form id="form1" runat="server">
    <div>
    <h1>RequiredFieldValidator控件例子</h1>
    <asp:Label ID="Label1" runat="server" Text="名称："> </asp:Label>
    <asp:TextBox ID="name" runat="server"></asp:TextBox>
    <asp:RequiredFieldValidator ID="rfvName" runat="server"
      ControlToValidate="name" ErrorMessage="请输入名称！">
    </asp:RequiredFieldValidator>
    <br />
    <asp:Label ID="Label2" runat="server" Text="密码："> </asp:Label>
    <asp:TextBox ID="password" runat="server"></asp:TextBox>
    <asp:RequiredFieldValidator ID="rfvPassword" runat="server"
      ControlToValidate="password" ErrorMessage="请输入密码！">
    </asp:RequiredFieldValidator>
    <br />
    <asp:Button ID="Submit" runat="server" Text="提交" />
    </div>
</form>
```

运行之后，如果在文本框不输入任何信息，单击"提交"按钮，运行结果如图4-18所示。

图4-18 RequiredFieldValidator控件例子

任务三 CompareValidator控件

CompareValidator控件可以将被验证的控件中输入的内容与特定的数据或另外特定的控件中的内容进行比较。除任务一介绍的共有属性之外，CompareValidator控件还有几个重要的属性：

1. ControlToCompare：设置要进行比较的控件。

2. ValueToCompare：设置要进行比较的数值。

3. Type：设置要对比的数据类型，有String、Integer、Double、DateTime、Currency等。

4. Operator：设置比较的操作类型，有7种运算符：Equal、GreaterThan、GreaterThanEqual、LessThan、LessThanEqual、NotEqual、DataTypeCheck。

下面的例子介绍了CompareValidator控件的用法，要求两次输入的卡号一样，而且年龄要大于18岁，代码如下：

```
<form id="form1" runat="server">
    <div>
    <h1>CompareValidator控件例子</h1>
    <asp:Label ID="Label1" runat="server" Text="请输入卡号："> </asp:Label>
    <asp:TextBox ID="CardID1" runat="server"></asp:TextBox><br />
    <asp:Label ID="Label2" runat="server" Text="请再输一次："> </asp:Label>
    <asp:TextBox ID="CardID2" runat="server"></asp:TextBox>
    <asp:CompareValidator ID="cvCardID" runat="server"
    ControlToValidate="CardID1" ControlToCompare="CardID2"
    Operator="Equal" ErrorMessage="两次输入卡号不相同！">
    </asp:CompareValidator><br />
    <asp:Label ID="Label3" runat="server" Text="请输入年龄："> </asp:Label>
    <asp:TextBox ID="Age" runat="server"></asp:TextBox>
```

<asp:CompareValidator ID="cvAge" runat="server" **ControlToValidate="Age" Type="Integer"**

ValueToCompare="18" Operator="GreaterThan" ErrorMessage="年龄必须大于18岁">

</asp:CompareValidator>

<asp:Button ID="Submit" runat="server" Text="提交" />

</div>

</form>

运行之后，当输入卡号不一样，或年龄不大于18岁时，就有出现错误提示，如图4-19所示。

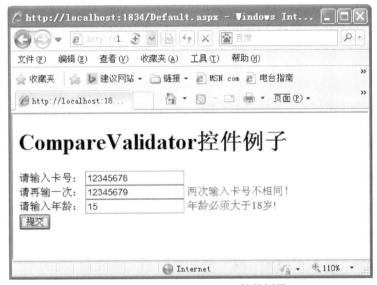

图4-19　CompareValidator控件例子

任务四　RangeValidator控件

RangeValidator控件用于判断输入的内容是否满足在指定的范围之内，通过设置最大值和最小值来判断输入的内容是否合法。除了有效验证控件的共有属性之外，RangeValidator控件还有以下两个重要属性：

1. MaximumValue：设置验证范围的最大值。

2. MinimunValue：设置验证范围的最小值。

下面的例子介绍了RangeValidator控件的用法，验证输入的身高在50～220cm之间，输入的出生日期在1900-1-1到2014-9-1之间，具体代码如下：

<form id="form1" runat="server">

<div>

```
<h1>RangeValidator控件例子</h1>
<asp:Label ID="Label1" runat="server" Text="请输入身高："> </asp:Label>
<asp:TextBox ID="high" runat="server"></asp:TextBox>
<asp:RangeValidator ID="rvHigh" runat="server" ControlToValidate="high"
MaximumValue="220" MinimumValue="50" Type="Integer"
ErrorMessage="请输入50-220之间的数据"></asp:RangeValidator>
<br />
<asp:Label ID="Label2" runat="server" Text="请输入生日："> </asp:Label>
<asp:TextBox ID="birthday" runat="server"></asp:TextBox>
asp:RangeValidator ID="rvBirthday" runat="server" ControlToValidate="birthday"
MaximumValue="2014-9-1" MinimumValue="1900-1-1" Type="Date"
ErrorMessage="请输入1900-1-1到2014-9-1之间的日期"></asp:RangeValidator>
<asp:Button ID="Submit" runat="server" Text="提交" />
</div>
</form>
```

当输入不符合要求的数据之后，运行结果如图4-20所示。

图4-20　RangeValidator控件例子

任务五　RegularExpressionValidator控件

RegularExpressionValidator控件用来验证输入的内容是否与正则表达式定义的模式相匹配，常用来验证一些需要有固定格式的输入，比如手机号码、E-Mail地址等。正则表达式通过ValidationExpression属性来设置。

正则表达式描述了一种字符串匹配的模式，针对不同的情况，其书写规则也有很多不同，表4-2列出了一些常用的正则表达式字符及说明。

表4-2 常用的正则表达式字符及说明

字符	说明	字符	说明
.	匹配除换行符 \n 之外的任何单字符	\s	匹配任何空白字符，包括空格、制表符、换页符等
^	匹配输入字符串的开始位置	\S	匹配任何非空白字符
$	匹配输入字符串的结尾位置	\w	匹配包括下划线的任何单词字符
*	匹配前面的子表达式零次或多次	\W	匹配任何非单词字符
+	匹配前面的子表达式一次或多次	\d	匹配任何一个数字（0~9）
?	匹配前面的子表达式零次或一次	\D	匹配任何一个非数字（^0~9）
{n}	匹配前面表达式n次	\b	匹配字符边界
{n,}	最少匹配前面表达式n次	\B	匹配非字符边界的某个位置
{n,m}	匹配前面表达式n到m次	[……]	匹配括号中的任何一个字符

这里以一个邮箱的验证为例子，了解一下正则表达式的用法。首先，要知道邮箱可能出现的情况，例如：纯数字（1234@gsj.com）、纯字母(xxgl@gsj.com)、字母数字混合（xxgl123@gsj.com）、带点的（xxgl.lab509@gsj.com）、带下划线的（xxgl_lab509@gsj.com）、带连线的（xxgl-lab509@gsj.com）。另外，还不能以"."、"_"或"-"开头或者结尾。综合考虑这几种情况，可以写出正则表达式：

^[A-Za-z0-9]+([_ \- \.][A-Za-z0-9]+) *@([A-Za-z0-9]+\.)+[A-Za-z0-9]{2,5}$

其中，^[A-Za-z0-9]表示以字母或数字开头，[_ \- \.][A-Za-z0-9]+表示下划线"_"或连线"-"或点"."任取一个，后面再接一个或多个数字或字母，*表示前面的子式重复0次或多次，这样可以防止以"."、"_"或"-"开头或者结尾。@是E-mail的标志，之后([A-Za-z0-9]+\.)+表示字母或数字加上点"."的域名形式出现一次或多次，最后[A-Za-z0-9]{2,5}$表示最后的域名至少为2个字符，最多为5个字符（常见的域名后缀.com、.cn、.gov、.edu、.org、.biz等均不会超过4个字节，预留多点，设置为5）。

下面我们将这个E-mail的正则表达式运用到RegularExpressionValidator控件中，代码如下：

<form id="form1" runat="server">

  <div>

  <h1>RegularExpressionValidator控件例子</h1>

  <asp:Label ID="Label1" runat="server" Text="Label">邮箱：</asp:Label>

  <asp:TextBox ID="Email" runat="server"></asp:TextBox>

  <asp:RegularExpressionValidator ID="revEmail" runat="server"

ControlToValidate="Email"

    ValidationExpression=" ^[A-Za-z0-9]+([_\-\.][A-Za-z0-9]+)*@([A-Za-z0-9]+\.)+[A-Za-z0-9]{2,5}$"

ErrorMessage="邮箱格式不对"></asp:RegularExpressionValidator>


```
<asp:Button ID="submit" runat="server" Text="提交" />
    </div>
</form>
```

运行之后,输入xxgl@gsj、_xxgl@gsj.com这类不合法的邮箱格式,可以正确检验出来,如图4-21和图4-22所示。输入带"."的邮箱"lab509.xxgl@gsj.com",可以通过,如图4-23所示。

图4-21　RegularExpressionValidator例子1

图4-22　RegularExpressionValidator例子2

图4-23　RegularExpressionValidator例子3

任务六　ValidationSummary控件

ValidationSummary控件跟上述的有效验证控件不一样,本身没有验证功能,而是用来集中显示本页里所有未通过验证的控件的错误信息,要注意在该控件中显示的错误消息是由每个验证控件的 ErrorMessage 属性规定的。如果未设置验证控件的ErrorMessage 属性，就不会为那个验证控件显示错误消息。ValidationSummary控件的主要属性有：

1. HeaderText：显示错误信息的标题文本。

2. ShowSummary：是否显示验证错误信息。

3. DisplayMode：错误信息显示的模式，有ListBulletList和SingleParagraph两个值，表示错误信息以列表形式显示还是不分行以段的形式显示。

4. ShowMessageBox：是否使用弹出对话框的形式显示错误信息。

下面结合前面几个验证例子，介绍一下ValidationSummary控件的用法，代码如下：

```
<form id="form1" runat="server">
    <div>
    <h1>ValidationSummary控件例子</h1>
    <asp:Label ID="Label1" runat="server" Text="请输入名称："></asp:Label>
    <asp:TextBox ID="name" runat="server"></asp:TextBox>
    <asp:RequiredFieldValidator ID="rfvName" runat="server"
    ControlToValidate="name" Text="请输入名称！" ErrorMessage="没有输入用户名。">
    </asp:RequiredFieldValidator><br />
    <asp:Label ID="Label2" runat="server" Text="请输入年龄："></asp:Label>
    <asp:TextBox ID="Age" runat="server"></asp:TextBox>
    <asp:CompareValidator ID="cvAge" runat="server" ControlToValidate="Age" Type="Integer"
    ValueToCompare="18" Operator="GreaterThan" Text="年龄必须大于18岁！"
    ErrorMessage="输入年龄不符合范围。"></asp:CompareValidator><br />
    <asp:Label ID="Label3" runat="server" Text="请输入身高："></asp:Label>
    <asp:TextBox ID="high" runat="server"></asp:TextBox>
    <asp:RangeValidator ID="rvHigh" runat="server" ControlToValidate="high"
    MaximumValue="220" MinimumValue="50" Type="Integer" Text="请输入50-220之间的数据！"
    ErrorMessage="输入身高不符合范围。"></asp:RangeValidator><br />
    <asp:ValidationSummary ID="ValidationSummary1" HeaderText="错误信息" runat="server" />
    <asp:Button ID="Submit" runat="server" Text="提交" />
    </div>
</form>
```

运行之后，ValidationSummary 控件会引用各个验证控件的ErrorMessage内容，总结成列表显示出来，如图4-24所示。

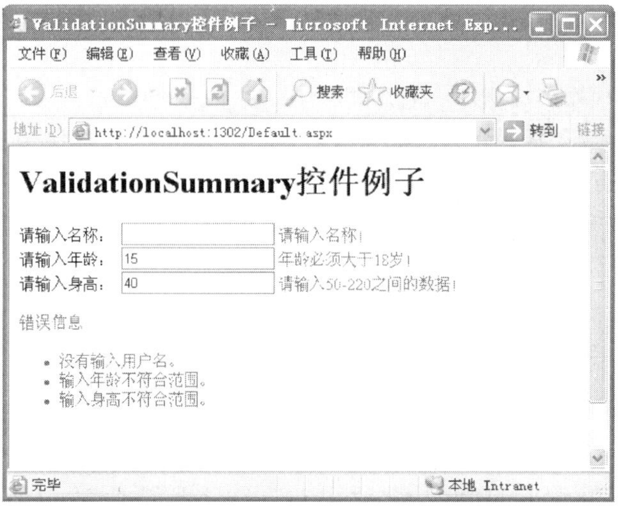

图4-24 ValidationSummary控件例子

情景上机实训

一、实验目的

掌握常见验证控件的相关属性和使用方法。

二、实验步骤

◆ 运行Visual Studio 2010，创建一个新的ASP.NET应用程序，在项目里添加一个名为Register.aspx的页面。

◆ 在页面分别添加Label、TextBox、Button等控件，并对输入信息绑定相应的验证控件，完成对输入信息的检验。

◆ 设置各个控件的属性，完成所要设置的功能。

具体的代码如下：

```
<form id="form1" runat="server">
    <div>
        <h2>注册</h2>
        <table>
        //名称输入及验证
            <tr><td><asp:Label ID="labName" runat="server" Text="用户名 ：" ></asp:Label></td>
            <td><asp:TextBox ID="name" runat="server"></asp:TextBox>
            <asp:RequiredFieldValidator ID="rfvName" runat="server"
```

```
ControlToValidate="name" Text="请输入名称！" ErrorMessage="没有输入用户名。">
</asp:RequiredFieldValidator></td></tr>
//密码输入及验证
<tr><td><asp:Label ID="labPassword" runat="server" Text="密码："></asp:Label></td>
<td><asp:TextBox ID="Password" runat="server"></asp:TextBox>
<asp:RequiredFieldValidator ID="rfvPassword" runat="server"
ControlToValidate="Password" Text="请输入密码！" ErrorMessage="没有输入密码。">
</asp:RequiredFieldValidator></td></tr>
<tr><td><asp:Label ID="labPasswordAgn" runat="server" Text="重复密码："></asp:Label></td>
<td><asp:TextBox ID="PasswordAgn" runat="server"></asp:TextBox>
<asp:CompareValidator ID="cvPasswordAgn" runat="server" ControlToValidate="PasswordAgn"
ControlToCompare="Password" Operator="Equal" Text="请输入相同的密码！" ErrorMessage="两次输入密码不一致。"></asp:CompareValidator></td></tr>
//年龄输入及验证
<tr><td><asp:Label ID="labAge" runat="server" Text="年龄："></asp:Label></td>
<td><asp:TextBox ID="Age" runat="server"></asp:TextBox>
<asp:CompareValidator ID="cvAge" runat="server" ControlToValidate="Age" Type="Integer"
ValueToCompare="18" Operator="GreaterThan" Text="年龄必须大于18岁！"
ErrorMessage="输入年龄不符合范围。"></asp:CompareValidator></td></tr>
//身高输入及验证
<tr><td><asp:Label ID="labHigh" runat="server" Text="身高："></asp:Label></td>
<td><asp:TextBox ID="high" runat="server"></asp:TextBox>
<asp:RangeValidator ID="rvHigh" runat="server" ControlToValidate="high"
MaximumValue="220" MinimumValue="50" Type="Integer" Text="请输入50-220cm之间的数据！"
ErrorMessage="输入身高不符合范围。"></asp:RangeValidator></td></tr>
//手机输入及验证
<tr><td><asp:Label ID="labPhone" runat="server" Text="手机号 ："></asp:Label></td>
<td><asp:TextBox ID="Phone" runat="server"></asp:TextBox>
<asp:RegularExpressionValidator ID="revPhone" runat="server" Text="请输入11位手机号码！"
ControlToValidate="Phone" ValidationExpression="^[1]\d{10}" ErrorMessage="输入手机
```

格式不对。">

</asp:RegularExpressionValidator></td></tr>

//邮箱输入及验证

<tr><td><asp:Label ID="labEmail" runat="server" Text="邮箱："></asp:Label></td>

<td><asp:TextBox ID="Email" runat="server"></asp:TextBox>

<asp:RegularExpressionValidator ID="revEmail" runat="server" ControlToValidate="Email"

Text="请输入正确的邮箱格式！"

ValidationExpression="^[A-Za-z0-9]+([_\-\.][A-Za-z0-9]+)*@([A-Za-z0-9]+\.)+[A-Za-z0-9]{2,5}$"

ErrorMessage="邮箱格式不正确。"></asp:RegularExpressionValidator></td></tr>

<tr><td><asp:Button ID="Submit" runat="server" Text="提交" /></td></tr>

//错误总结

<tr><td><asp:ValidationSummary ID="ValidationSummary1" HeaderText="错误信息" runat="server" /></td></tr>

</table>

</div>

</form>

运行之后，如果输入信息不符合要求，就会验证通不过，显示错误信息，如图 4-25 所示。

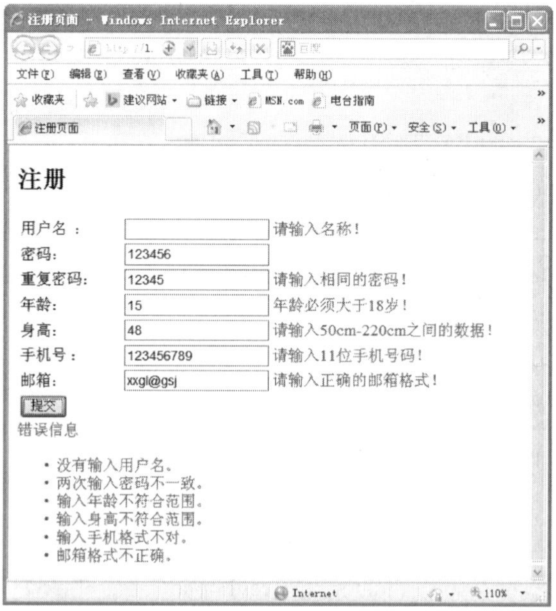

图4-25 注册页面

习 题

一、选择题

1. Label Web服务器控件（　　）属性用于指定label控件显示的文字。
   A. width　　　　　B. alt　　　　　　C. text　　　　　　D. name

2. TextBox控件的（　　）属性值用于设置多行文本显示。
   A. Text　　　　　B. Password　　　C. maxLength　　　D. Multiline

3. 当需要用控件来输入性别（男，女）或婚姻状况（已婚，未婚）时，为了简化输入，应该选用的控件是（　　）。
   A. RadioButton　　　　　　　　　　B. CheckBoxList
   C. CheckBox　　　　　　　　　　　D. RadioButtonList

4. 如果想自己定制一下验证规则，以代码的方式约束一下用户的输入，需要用到（　　）。
   A. RequiredFieldValidator　　　　　B. RangeValidator
   C. RegularExpressionValidator　　　D. CustomValidator

5. 在ASP.NET中有Button控件myButton，要是单击控件时，导航到其他页面http://www.abc.com，正确的代码为（　　）。

   A. private void myButton_Click(object sender, System.EventArgs e){Redirect("http://www.abc.com"); }

   B. private void myButton_Click(object sender, System.EventArgs e){Request.Redirect("http://www.abc.com"); }

   C. private void myButton_Click(object sender, System.EventArgs e){Reponse.Redirect("http://www.abc.com"); }

   D. private void myButton_Click(object sender, System.EventArgs e){Request.Redirect("http://www.abc.com");return true; }

二、简答题

1. 什么是Web服务器控件？
2. 解释ASP.NET中以什么方式进行数据验证。

单元五

常用内置对象的应用

ASP.NET提供的内置对象有Page、Request、Response、Cookies、Session、Application、Server。这些对象使用户更容易收集通过浏览器请求发送的信息、响应浏览器以及存储用户信息，以实现其他特定的状态管理和页面信息的传递。

表5-1　常用内置对象及其功能

常用内置对象	功能
Page	用于操作整个页面
Response	服务器端将数据作为请求的结果发送到浏览器端（输出）
Request	浏览器端对当前页请求的访问发送到服务器端（输入）
Application	存储跨网页程序的变量或对象，中止于停止IIS服务（公用变量和对象）
Session	存储跨网页程序的变量或对象，中止于联机离线或有效时间（单一用户对象）
Server	定义一个与Web服务器相关的类提供对服务器上方法和属性的访问
Cookie	保存客户端浏览器请求的服务器页面，存放保留非敏感用户信息

项目一　统计本机IP访问该网页的次数

情景

王明想在一个网页中显示本机（本IP）访问该网页的次数。经过查询资料，发现需要了解Page、Request、Response、Cookie 内置对象的应用方法。经过王明的查阅推敲，最终实现了该项功能。

知识能力与目标

☆ 掌握Page对象常用属性和方法，并可以开发相关程序。
☆ 掌握Response对象常用属性和方法，并可以开发相关程序。
☆ 掌握Request对象常用属性和方法，并可以开发相关程序。
☆ 掌握Cookie对象常用属性和方法，并可以开发相关程序。

任务一 Page对象的应用

Page对象是由System.Web.UI命名空间中的Page类来实现的，Page 类与扩展名为.aspx 的文件相关联，这些文件在运行时被编译为Page对象，并缓存在服务器内存中。Page对象提供的常用属性、方法及事件如表5-2所示。

表5-2 Page对象的常用属性、方法及事件

	属性、方法、事件	描　　述
属性	IsPostBack	获取一个值，该值表示该页是否正为响应客户端回发而加载
	IsValid	获取一个值，该值表示页面是否通过验证
	Application	为当前 Web 请求获取 Application 对象
	Request	获取请求的页的 HttpRequest 对象
	Response	获取与 Page 关联的 HttpResponse 对象。该对象使您得以将 HTTP 响应数据发送到客户端，并包含有关该响应的信息
	Session	获取 ASP.NET 提供的当前 Session 对象
	Server	获取 Server 对象，它是HttpServerUtility 类的实例
方法	DataBind	将数据源绑定到被调用的服务器控件及其所有子控件
	RegisterClientScriptBlock	向页面发出客户端脚本块
事件	Init	当服务器控件初始化时发生
	Load	当服务器控件加载到Page对象中时发生
	Unload	当服务器控件从内存中卸载时发生

IsPostBack属性用来获取一个布尔值，如果该值为True，则表示当前页是为响应客户端回发(例如单击按钮)而加载，否则表示当前页是首次加载和访问。示例代码如下：

```
private void Page_Load(object sender, System.EventArgs e)
{
  if( !Page.IsPostBack )
  {
  Label1.Text = "页面第一次加载！";
  }
  else
  {
  Label1.Text = "页面第二次或第二次以上加载！";
  }
}
```

IsValid属性用来获取一个布尔值，只有在所有验证服务器控件都验证成功时，IsValid属性的值才为True；否则为False。示例代码如下：

```
private void Button_Click(Object Sender, EventArgs e)
  {
    if (Page.IsValid == true)  //也可写成if (Page.IsValid)
```

```
        {
            mylabel.Text="您输入的信息通过验证!";
        }
        else
        {
            mylabel.Text="您的输入有误,请检查后重新输入! ";
        }
    }
```

任务二 Response对象的应用

Response对象用于输出数据到客户端,包括向浏览器输出数据、重定向浏览器到另一个URL或向浏览器输出Cookie文件, 其类名为HttpResponse。其常用属性和方法如表5-3所示。

表5-3 Response对象常用属性和方法

属性和方法	描　述
BufferOutPut属性	是否使用缓存
Write() 方法	向客户端发送字符串信息
Clear() 方法	清除缓存
Flush() 方法	强制输出缓存的所有数据
Redirect() 方法	网页转向地址
End()方法	终止当前页的运行
WriteFile() 方法	读取一个文件,并且写入客户端输出流

Response对象属性及方法实例代码如下:

```
protected void Button1_Click(object sender, EventArgs e)
    {Response.BufferOutput = true;                        //使用缓存
        Response.WriteFile("TextFile.txt");               //输出TextFile.txt文本内容到页面
        Response.Clear();                                 //清除缓存区
        string[] str = { "王","口","月","北","凡","赢" };
        Response.Write("<br/>字符串数组过滤后结果是:<br/>");    //输出内容到页面
        Response.Write("<b>注:由于使用了end终止程序,所以不会实现页面跳转.</b><br/>");
        for (int i = 0; i < str.Length; i++)
        {
            if (str[i] == "凡")
            {
                Response.Write("<script language=javascript>alert('程序终止')</
```

```
script>");
                    Response.End();//终止当前程序运行
        }
        else
        {
                    Response.Write(str[i]);
        }
    }
                    Response.Redirect("page.aspx");                    // 网页转向page.aspx页面
                           // Response.Redirect("http://www.baidu.com ");    //可以直
接输入网址
    }
```

因为 BufferOutput 属性默认为 True，当使用 Response 的 Clear 方法时，缓冲区中的 "TextFile.txt" 内容被清除，其内容不会显示。相反，当 BufferOutput =False 时，运行时缓冲区数据不会被 Clear 方法清除，所以 "TextFile.txt" 内容会被显示在页面上。

任务三　Request对象的应用

当某浏览器向Web服务器请求一个Web页面时，Web服务器就会收到一个HTTP请求，该请求包含用户、用户PC、用户使用的浏览器等一系列信息。在ASP.NET中，可以通过Request对象设置或获取这些信息，Request对象的主要属性如表5-4所示。

表5-4　Request对象的主要属性

属　　性	描　　述
AcceptType	获取客户端支持的MIME类型
UserHostAddress	获取客户端主机的IP地址
UserHostName	获取客户端主机名
UserLanguages	获取客户端语言信息，是一个字符串数组
UserAgent	客户端浏览器的原始代理信息
UrlReferrer	获取客户端URL相关信息
Path	获取当前请求的虚拟路径
ContentEncoding	获取客户端使用的字符集信息
Headers	获取HTTP头集合
QueryString	获取HTTP查询字符串的集合
Form	获取窗体变量集合
Browser	获取客户端浏览器信息

Request对象属性及方法实例代码如下：

1. request1.aspx页面代码：

protected void request1_Click(object sender, EventArgs e)

```
        {
            string str = "hello";
            string name = "jon";
            Response.Redirect("request2.aspx?id=" + str + "&name=" + name);
        }
```

2. request2.aspx页面代码：

```
protected void request2_Click(object sender, EventArgs e)
 {
   string str =Request.Form["request2"].ToString();
   Response.Write("获取页面控件的text内容: " + str + "<br/>");
   Response.Write("获取页面请求字符串：" + Request.QueryString.ToString() + "<br/>");
   Response.Write("获取页面参数值：" + Request.QueryString["id"].ToString() + "<br/>");
   Response.Write("获取页面传递参数值：" + Request.Params["name"] + "<br/>");
   Response.Write("获取页面请求地址：" + Request.Path.ToString() + "<br/>");
   Response.Write("获取页面客户端IP地址：" + Request.UserHostAddress + "<br/>");
   Response.Write("获取页面客户端主机名：" + Request.UserHostName + "<br/>");
   Response.Write("通过环境变量获取绝对路径：" + Request.ServerVariables["APPL_PHYSICAL_PATH"] + "<br/>");
   Response.Write("获取页浏览器的版本名称：" + Request.Browser.Version.ToString() + "<br/>");
 }
```

request2.aspx页面运行结果如图5-1所示。

图5-1　request2.aspx页面运行结果

下面对Request对象主要属性作一简要介绍：

1. Form属性：使用Request.Form属性获取控件数据。通过该属性，读取<Form></Form>之间的表单数据。注意：提交方式要设置为"Post"，与Get方法相比较，使用

Post方法可以将大量数据发送到服务器端。

2. QueryString属性：http://localhost:1818/request2.aspx?id=hello&name=jon通过Request.QueryString["id"]及Request.QueryString["name"]，可以获取地址信息"?"后面的参数内容，多个参数可以用"&"符号。

3. ServerVariables("环境名称")属性：环境变量名称是系统内部自带的。类似的还有：UserHostAddress、Browser、Cookies、ContentType、IsAuthenticated、Item、Params等变量。

4. Browser属性：获取浏览器的信息，类似还有：Type、BackGroundSounds、Platform等。

任务四　Cookie对象的应用

Cookie对应HttpCookie类，是Web服务器保存在用户硬盘上Cookies集合下的一段文本，在过期之前Cookie在用户的计算机上以文本文件的形式存储。在该文件夹中可能存在多个 Cookie 文本文件，这是由于在一些网站中进行登录保存了 Cookies 的原因。用户浏览完毕并退出网站时，Web 应用可以通过 Cookie 方法对用户信息进行保存。当用户再次登录时，可以直接获取客户端的 Cookie 的值而无须用户再次进行登录操作。

在服务器上创建并向客户端输出Cookie可以利用Response对象实现。Response对象支持一个名为Cookies的集合，可以将Cookie对象添加到该集合中，从而向客户端输出Cookie。通过Request对象的Cookies集合来访问Cookie。

情景上机实训

一、实验目的

掌握Page、Request、Response、Cookie对象的应用。

二、实验步骤

◆ 新建网页tongji.aspx，放一个Button按钮（text=cookies）和一个Label标签。

◆ 分别写入Page_Load和Button1_Click代码如下：

```
protected void Page_Load(object sender, EventArgs e)
    {
        if (!IsPostBack)
        {
            int lastVisitCounter;
            if (Request.Cookies["lastVisitCounter"] == null)
            {
                lastVisitCounter = 0;
```

                    }
                    else
                    {
                        lastVisitCounter = int.Parse(Request.Cookies["lastVisitCounter"].Value);
                    }
                    lastVisitCounter++;
                    HttpCookie aCookie = new HttpCookie("lastVisitCounter");   // 声明Cookie变量
                    aCookie.Value = lastVisitCounter.ToString();   // 对Cookie对象赋值
                    aCookie.Expires = DateTime.Now.AddYears(1);   // 设置有效期为1年
                    Response.Cookies.Add(aCookie);   //使用Response对象添加单个Cookie
                }
            }
            protected void Button1_Click(object sender, EventArgs e)
            {
                if (Request.Cookies["lastVisitCounter"] == null)
                {
                    Label1.Text = "1";
                }
                else
                {
                    Label1.Text = Request.Cookies["lastVisitCounter"].Value;   //使用Request读取Cookie
                }
            }

◆ 最后多次运行tongji.aspx，并且多次单击Button1按钮。

运行结果如图5-2所示。

图5-2 使用Cookie统计IP地址登录次数运行结果

项目二 网页在线聊天系统设计

 情景：

王明计划设计一个在线聊天网页系统。通过查资料，发现必须要先了解ASP.NET提供的内置对象应用，通过它们的联合应用才能实现这项功能。王明通过静心研读，最终实现了自己的想法。

 知识能力与目标：

☆ 掌握Application对象常用属性和方法，并可以开发相关程序。
☆ 掌握Session对象常用属性和方法，并可以开发相关程序。
☆ 掌握Server对象常用属性和方法，并可以开发相关程序。

任务一 Session对象的应用

Cookie对象信息储存在客户端，而Session对象信息储存在服务端，可以用来存储跨网页程序变量或对象，用户在应用程序的页面切换时，Session对象的变量不会被清除。Session对象生命周期从一个用户开始访问某个特定的aspx的页面起，到用户离开为止。

接下来用Session对象存储跨网页变量，说明其功能，实例代码如下：

1. session1.aspx页面代码如下：

```
protected void Button1_Click(object sender, EventArgs e)
    {
        string user = TextBox1.Text;
        string pwd = TextBox2.Text;
        if (user == "" || pwd == "")
        {
            Response.Write("<script>alert('用户名或密码为空！')<script>");
        }
        else
        {
            Session["name"] = user;                 // 给Session["变量"]赋值
Session.Timeout = 20;                                // 设置Session["变量"] 期限
            Response.Redirect("session2.aspx");
        }
```

}

2. session2.aspx页面代码如下：

protected void Page_Load(object sender, EventArgs e)

　　{

　　　　string name=Session["name"].ToString();　　　　// 取出Session["变量"]的值
　　　　if (Session["name"] != null)
　　　　{
　　　　　　Label1.Text = "欢迎用户："+ name + "登录本系统";
　　　　　　Session.Clear();　　　　　　　　　　// 清除会话状态中的所有值
　　　　}
　　　　else
　　　　{
　　　　　　Label1.Text = "用户名错误";
　　　　}

　　}

1. 将新的项添加到会话状态中。语法格式为：

Session ("键名") = 值 或者 Session.Add("键名" , 值)

2. 按名称获取会话状态中的值。语法格式为：

变量 = Session ("键名") 或者 变量 = Session.Item("键名")

3. 设置会话状态的超时期限，以分钟为单位。语法格式为：

Session.TimeOut = 数值（默认20分钟）

Global.asax 文件（添加新项）位于应用程序根目录下，有两个事件应用于Session对象：Session_Start 在会话启动时激发，Session_End 在会话结束时激发。

Global.asax 文件叫作 ASP.NET 应用程序文件，提供了一种在一个中心位置响应应用程序级或模块级事件的方法。可以使用这个文件实现应用程序安全性以及其他一些任务。

任务二　Application对象的应用

Application对象用于在服务器上保存所有用户共用的数据信息。在实际网络开发中的用途就是记录整个网络的信息，如上线人数、在线名单、意见调查和网上选举等。在给定的应用程序的多用户之间共享信息，并在服务器运行期间持久地保存数据。而且Application对象还有控制访问应用层数据的方法和可用于在应用程序启动和停止时触发过程的事件。 接下来以统计访问application.aspx页面的在线人数的实例来说明Application对象的使用方法。首先创建application.aspx及Global.asax。

1. application.aspx页面代码如下：

protected void Page_Load(object sender, EventArgs e)

```csharp
    {
        if (!IsPostBack)
        {
            Label1.Text = "网站在线人数" + Application["userCount"];          //声明Application["变量"]
        }
    }
    protected void Button1_Click(object sender, EventArgs e)
    {
        Session.Abandon();                          // 取消当前会话
    }
```

2. Global.asax页面代码如下：

```csharp
<%@ Application Language="C#" %>
<script runat="server">
    void Application_Start(object sender, EventArgs e)
    {   //在应用程序启动时运行的代码
        Application.Lock();
        Application["userCount"] =0;
        Application.UnLock();
    }
    void Application_End(object sender, EventArgs e)
    {
        //在应用程序关闭时运行的代码
    }
    void Application_Error(object sender, EventArgs e)
    {
        //在出现未处理的错误时运行的代码
    }
    void Session_Start(object sender, EventArgs e)
    {   //在新会话启动时运行的代码
        Response.Write("OOKK");
        Application.Lock();
        Application["userCount"] = int.Parse(Application["userCount"].ToString()) + 1;
        Application.UnLock();
    }
    void Session_End(object sender, EventArgs e)
```

```
        {
            //在会话结束时运行的代码。
            // 注意: 只有在 Web.config 文件中的 sessionstate 模式设置为
            // InProc 时，才会引发 Session_End 事件。如果会话模式
            //设置为 StateServer 或 SQLServer，则不会引发该事件。
            Application.Lock();
            Application["userCount"] = int.Parse(Application["userCount"].ToString()) -1;
            Application.UnLock();


</script>
<!--在Web.config中配置，不可少，否则不执行-->
 <system.web>
    <sessionState mode="InProc"/>
 <system.web/>
```

运行结果如图5-3所示。

图5-3 用Application对象统计在线人数

1. 使用Application对象保存信息。语法格式为：

Application("键名") = 值 或 Application("键名", 值)

2. 获取Application对象信息。语法格式为：

变量名 = Application("键名") 或 变量名 = Application.Item("键名")

或变量名 = Application.Get("键名")

3. 这样就有可能出现多个用户修改同一个Application命名对象，造成数据不一致的问题。HttpApplicationState类提供两种方法Lock和Unlock，以解决对Application对象的访问同步问题，一次只允许一个线程访问应用程序状态变量。关于锁定与解锁：

（1）锁定：Application.Lock()

（2）访问：Application("键名") = 值

（3）解锁：Application.Unlock()

注意：Lock方法和UnLock方法应该成对使用。可用于网站访问人数，聊天室等设备。

4. 使用Application事件。在ASP.NET应用程序中可以包含一个特殊的可选文件——Global.asax文件，也称作ASP.NET应用程序文件，它包含用于响应ASP.NET或HTTP模块引发的应用程序级别事件的代码。

Application用于将所有用户共用的数据信息保存在服务器上，如果被保存的数据在应用程序生存期内根本不会改变或很少改变，用它。Session 用于保存每个用户的专用信息，它的生存期是用户持续请求时间再加上一段时间，Session中的信息保存在服务器的内存中，用户停止使用程序后它仍然在内存中保持一段时间，因此使用Session对象保存用户数据的方法效率很低。对于小量的数据，使用Session还是一个不错的选择。 Cookie用于保存客户浏览器请求服务器页面的请求信息，程序员也可以用它保存非敏感性的内容。保存时间可以根据需要设置。如果没有设置Cookie失效时间，它仅保存至浏览器关闭。Cookie存储量受到很大限制，一般浏览器支持最大容量为4 096字节。因此不能用来存储大量数据。由于并非所有浏览器都支持Cookie，并且它是以明文方式保存的，所以最好不要保存敏感性的内容，否则会影响网络安全。

任务三　Server对象的应用

Server对象提供对服务器上的方法和属性的访问以及进行HTML编码的功能，这些功能分别由Server对象相应的方法和属性完成。Server对象的属性、方法及说明如表5-5所示。

表5-5　Server对象的属性、方法及说明

属性和方法		说　明
属性	MachineName	获取服务器的计算机名称
	ScriptTimeout	获取和设置请求超时（以秒计），最短时间默认为90 s
方法	CreateObject	创建 COM 对象的一个服务器实例
	Execute	执行当前服务器上的另一个aspx页，执行完该页后再返回本页继续执行
	HtmlEncode	对要在浏览器中显示的字符串进行HTML编码并返回已编码的字符串
	HtmlDecode	对HTML编码的字符串进行解码，并返回已解码的字符串
	MapPath	返回与Web服务器上的指定虚拟路径相对应的物理文件路径
	Transfer	终止当前页的执行，并为当前请求开始执行新页
	UrlEncode	将代表URL的字符串进行编码，以便通过URL从Web服务器到客户端进行可靠的HTTP传输
	UrlDecode	对已被编码的URL字符串进行解码，并返回已解码的字符串
	UrlPathEncode	对 URL 字符串的路径部分进行 URL 编码，并返回已编码的字符串

1. ScriptTimeout属性的最短时间默认为90 s。对于一些逻辑简单、活动内容较少的脚本程序该值已经足够。但在执行一些活动内容较多的脚本程序时，就显得小了些。比如访问数据库的脚本程序，必须设置较大的ScriptTimeout属性值，否则脚本程序就不能正常执行完毕。

2. Response.Redirect方法时重定向操作发生在客户端，总共涉及两次与服务器的通信（两个来回）：第一次是对原始页面的请求，得到一个302应答；第二次是请求302应答中声明的新页面，得到重定向之后的页面。

3. Server.Execute方法可以在当前页面中执行同一Web服务器上的另一页面，当该页面执行完毕后，控制流程将重新返回原页面中发出Server.Execute方法调用的位置。被调用的页面应是一个.aspx网页，因此，通过Server.Execute方法调用可以将一个.aspx页面的输出结果插入到另一个.aspx页面中。

4. Server.Transfer方法调用是在服务器端进行的，客户端浏览器并不知道服务器端已经执行了一次页面跳转，所以实现页面跳转后浏览器地址栏仍将保存页面的URL信息，这样还可以避免不必要的网络通信，从而获得更好的性能和浏览效果。接下来用一个实例说明Server对象的使用方法。

```
protected void Button1_Click(object sender, EventArgs e)
{
Response.Write("远程服务器名：" + Server.MachineName + "<br/>");
Response.Write("超时时间为：" + Server.ScriptTimeout + "<br/>");
Response.Write("当前虚拟目录的实际路径为：" + Server.MapPath("./") + "<br");
Response.Write("当前网页的实际路径为：" + Server.MapPath("server1.aspx") + "<br");
Response.Write(Server.UrlDecode("name@#163.com") + "<br/>");
Response.Write(Server.UrlEncode("name@#163.com") + "<br/>");
string str;
str = Server.HtmlEncode("<b>HTML 内容</b></br>");
Response.Write(str + "<br/>");
str = Server.HtmlDecode(str);
Response.Write(str + "<br/>");
//Response.Redirect("server2.aspx");
Server.Execute("server2.aspx");
Response.Write("执行完Server.Execute( )还要执行本句");
Server.Transfer("server2.aspx");
}
```

运行结果如图5-4所示。

图5-4　Server对象应用运行结果

情景上机实训

一、实验目的

掌握ASP.NET内置对象Page、Request、Response、Cookie、Session、Application、Server等常用属性和方法的应用。

二、实验步骤

◆ 新建网站，添加 chatlogin.aspx、chatingroom.aspx、chatcontent.aspx页面。

◆ chatlogin.aspx为登录页面，如图5-5所示，如果选择"保存cookies"选项，系统会把登录信息保存到客户端Cookies文件下。CheckBox控件的ID为"iscookies"。

图5-5　chatlogin.aspx为登录聊天页面

"登录"代码如下：

```
protected void Button1_Click(object sender, EventArgs e)
    {
        if (iscookies.Checked)
        {
            Response.Cookies["user"]["uid"]=TextBox1.Text.ToString();
```

```
                Response.Cookies["user"]["name"] = TextBox2.Text.ToString();
                Response.Cookies["user"].Expires = DateTime.Now.AddYears(1);
            }
            Session["name"] = TextBox2.Text.ToString();
            Response.Redirect("chatingroom.aspx");
        }
```

◆ chatingroom.aspx为聊天显示页面，DropDownList控件存储登录用户信息；TextBox控件为发言内容；Label控件用来显示当前登录用户（如"高辉"）。其中的聊天信息显示在chatcontent.aspx页面。

（1）chatingroom.aspx页面Page_Load事件代码如下：

```
protected void Page_Load(object sender, EventArgs e)
{
        if (Request.Cookies["user"] == null)
        {
            Response.Redirect("chatlogin.aspx");
        }
        else
        {
            if (Application["users"] == null)
            {
                Application["users"] = ""  ;
            }
            else
            {
                string appstr = Application["users"].ToString();
                string sestr = Session["name"].ToString();
                if (appstr.IndexOf(sestr)<0)
                {
                Application.Lock();
                Application["users"] = Application["users"].ToString() + Session["name"].ToString() +",";
                Application.UnLock();
                }
                string appstr2=Application["users"].ToString();
                string[] users = Application["users"].ToString().Split(',');
```

```
                DropDownList1.Items.Add("所有人");
                for (int i = 0; i < users.Length - 1; i++)
                {
                    DropDownList1.Items.Add(users[i]);
                }
                Label1.Text = Session["name"].ToString();
            }
        }
```

(2)单击"发言"按钮代码如下:

}
```
    protected void Button1_Click(object sender, EventArgs e)
    {
        string chats = Session["name"].ToString() + "对" + DropDownList1.SelectedValue.ToString() + "说:" + TextBox1.Text.ToString() + "(" + DateTime.Now.ToString() + ")";
        Application.Lock();
        Application["show"] = chats + "</br>" + Application["show"];
        Application.UnLock();
        txtMessage.Text = "";
        Server.Execute("content.aspx");
    }
```

◆ chatcontent.aspx 页面 Page_Load 事件代码如下:
```
    protected void Page_Load(object sender, EventArgs e)
    {
        if (Application["show"] == null)
        {
            Response.Write("当前没人发言");
        }
        else
        {
            Response.Write(Application["show"].ToString());
        }
    }
```

三、实验结果

聊天窗口如图5-6所示。

图5-6 chatingroom.aspx聊天窗口

习　题

一、选择题

1. Session对象的默认有效期为（　　）分钟。
   A. 10　　　　　　　　　　　　　B. 15
   C. 20　　　　　　　　　　　　　D. 应用程序从启动到结束

2. Global.asax文件中Session_Start事件何时激发？（　　）
   A. 在每个请求开始时激发　　　　B. 尝试对使用进行身份验证时激发
   C. 启动会话时激发　　　　　　　D. 在应用程序启动时激发

3. 需要写入与HTML标记相同的文本时，应利用以下何种方法进行编码？（　　）
   A. Response.Server.(HtmlEncode ("<B>"))
   B. Response.Write("Server.HtmlEncode ("<B>")")
   C. Response.Write(Server.HtmlEncode ("<B>"))
   D. Server.Server(Write.HtmlEncode ("<B>"))

4. 哪个ASP.NET对象可用来决定何时或如何将输出由服务器端传送至浏览器？（　　）
   A. Request　　　B. Session　　　C. Application　　　D. Response

5. 哪个ASP.NET对象可用来记录个别浏览器端专用的变量？（　　）
   A. Server　　　B. Session　　　C. Application　　　D.Client

6. 若要将浏览器端导向至其他网页，可使用（　　）方法。
   A. Redirect　　　　　　　　　　　B. Location
   C. Flush　　　　　　　　　　　　D. AppendToLog

7. 若要将字符串进行编码，使它不会使浏览器解释为HTML语法，可使用（　　）方法。

A. HTMLEncode　　B. URLEncode　　　　C. MapEncode　　　　　D. ASPEncode

8. 若要找出父目录的实际路径，可使用（　　）。

A. Server.MapPath("/")　　　　　　　　B. Server.MapPath("./")

C. Server.MapPath("../")　　　　　　　D. Server.MapPath("//")

9. Server对象的Execute方法和Transfer方法的区别是（　　）。

A. 前者执行完调用网页，继续执行当前页面，后者不是

B. 前者执行完调用网页，不再继续执行当前页面，后者不是

C. 前者转移到调用的网页，执行新的页面，后者不是

D. 前者转移到调用的网页，不再执行当前的页面，后者不是

10. Application对象的默认有效期是（　　）。

A. 20分钟　　　　　　　　　　　　　B. 30分钟

C. 从打开到关闭浏览器　　　　　　　D. 从应用程序启动到结束

二、简答题

1. 简述Page对象的IsPostBack属性的含义。

2. 简述Response对象的Clear()、End()、Flush()方法的区别与联系。

3. 试比较Response.Redirect()、Server.Excute()、Server.Transfer()跳转页面的区别和联系。

4. 比较Cookies、Session、Application对象的区别。

5. 简述Session对象跨页面应用及Application对象的Lock()和UnLock()方法。

单元六

SQL Server数据库基础

SQL Server 是一个关系数据库管理系统。SQL Server 2008是Microsoft公司于2005年发布的一款数据库平台产品。数据库在应用程序开发中非常重要，比如在 ASP.NET 应用程序开发中，数据库通常被用来保存用户的信息、文章内容等数据，同时数据库也能够提供用户进行查询、搜索等操作。传统的纯静态 HTML 页面已经不能满足互联网的发展需求，使用数据库能够让网站与用户、新闻、投票等信息进行良好的整合，接下来我们开始学习如何使用SQL Server 2008数据库。

微软为用户提供了5种版本的SQL Server 2008，它们共同组成了SQL Server 2008的产品家族，分别为不同类型和需求的用户提供不同的服务。

1. SQL Server 2008 Express版：精简版，只适合于简单应用系统的开发。
2. SQL Server 2008 工作组版：适合于用户数量没有限制的小型企业。
3. SQL Server 2008 开发版：适合于生成和测试应用程序的企业开发人员。
4. SQL Server 2008 标准版：为中小企业提供的数据管理和分析平台。
5. SQL Server 2008 企业版：是超大型企业的理想选择，能够满足最复杂的要求。

正确安装SQL Server 2008数据库，对于初学者来说是至关重要的。因为这一过程不仅要求根据实际的业务需求选择正确的数据库版本和组件，还要根据计算机硬件、软件、网络环境等条件是否满足该版本的最低配置来决定能否安装，以确保安装的有效性和可用性。

在安装SQL Server 2008前，用户还需要注意以下事项：

1. 要使用具有管理员权限的账户来安装SQL Server 2008。
2. 要安装SQL Server 2008的硬盘分区必须是未经压缩的硬盘分区。
3. 安装时建议不要运行任何杀毒软件。

经过上述检查准备，通过安装程序进入安装主界面，SQL Server 2008 的安装向导是基于 Windows的安装程序，用户使用起来更加友好，并且在安装过程中为用户提供了可选方案，让用户选择自己需要的组件安装。

当安装完毕后，用户可以打开 SQL Server 2008软件体系中的 SQL Server Management 来配置和管理SQL Server 2008。

在进入 SQL Server Management 时，对每个连接 SQL Server 2008都要求一个连

接实例，进行身份验证，用户可以以 Windows 身份验证的方式登录到 SQL Server 2008 管理工具中，也可以使用 SQL Server 身份验证的方式登录到 SQL Server 2008 管理工具，相比之下，SQL Server 身份验证的方式更加安全，如图 6-1 所示。单击"连接"就进入 SQL Server 2008 数据库管理界面。

图 6-1　连接服务器页面

项目　创建 SQL Server 2008 数据库并执行 SQL 语句

王明同学计划编写一个网页登录和注册的页面，需要通过 SQL Server 2008 建立数据库并在数据库中添加用户表，在表中添加和修改记录的数据。他要尽快掌握 SQL Server 2008 数据库的操作方法。

 知识能力与目标：

☆ 掌握 SQL 的数据库及数据表的创建、修改。
☆ 掌握 SQL 的数据库备份和还原。
☆ 掌握 SQL 数据操作语句(SELECT、INSERT、UPDATE、DELETE)的应用。

任务一　创建数据库

（一）利用对象资源管理器创建用户数据库

1. 选择"开始"→"程序"→Microsoft SQL Server 2008→SQL Server Management Studio 命令，打开 SQL Server Management Studio。

2. 使用"Windows身份验证"连接到SQL Server 2008数据库实例。

3. 展开SQL Server 实例，右击"数据库"，然后在弹出的快捷菜单中选择"新建数据库存"命令，打开"新建数据库"对话框。

4. 在"新建数据库"对话框中，可以定义数据库的名称、数据库的所有者、是否使用全文索引、数据文件和日志文件的逻辑名称和路径、文件组、初始大小和增长方式等。输入数据库名称。

（二）利用SQL语句创建用户数据库

use master --设置当前数据库为master，以便访问sysdatabases表
go
if exists (select * from sys.databases where name=' student ') -- 判断student数据库是否存在
create database student
on primary -- 默认就属于primary文件组，可省略
(
/*--数据文件的具体描述--*/
　　　name='stuDB_data', -- 主数据文件的逻辑名称
　　　filename='D:\stuDB_data.mdf', -- 主数据文件的物理名称
　　　size=5mb, --主数据文件的初始大小
　　　maxsize=100mb, -- 主数据文件增长的最大值
　　　filegrowth=15%--主数据文件的增长率
)
log on
(
/*--日志文件的具体描述，各参数含义同上--*/
　　　name='stuDB_log',
　　　filename='D:\stuDB_log.ldf',
　　　size=2mb,
　　　filegrowth=1mb
)

任务二　删除数据库

在 SQL Server Management 管理工具中，可以直接对数据库进行删除操作。在对象资源管理器中，选中需要删除的数据库，右击，在弹出的菜单中选择"删除"选项，SQL Server Management管理工具出现一个删除向导。

通常情况下，删除功能能够快速并安全地执行删除，但是有的时候，如数据库的连接正在被打开或数据库中的信息正被使用，就无法执行删除，必须勾选"关闭现有

连接"复选框关闭现有连接。与创建数据库相同的是，删除数据库也可以使用 SQL 语句执行，删除数据库的 SQL 语法如下：

DROP DATABASE <数据库名>

任务三　备份数据库

在数据库的使用中，通常会造成一些不可抗力或灾难性的损坏，如人工的操作失误，不小心删除了数据库，或出现了断电等情况，造成数据库异常或丢失。为了避免数据库中重要数据的丢失，就需要使用 SQL Server Management 管理工具来备份数据库。

SQL Server Management 管理工具备份数据库也非常的简单，在对象资源管理器中选择需要备份的数据库，右击，选择"任务""备份"选项，系统会出现一个备份向导。

在备份数据库向导中，可以选择相应的备份选项，通常的备份选项有：

1. 数据库：需要备份的数据库。
2. 恢复模式：数据库的恢复模式。
3. 备份类型：数据库的备份类型，通常有完全备份、差异备份、事物日志。
4. 备份组件：通常可选数据库类型和文件类型。
5. 名称：备份的名称。
6. 说明：备份数据库所说的说明。
7. 备份集过期时间：备份集过期的事件，可以设置过期时间。
8. 备份到：选择备份的物理路径，可以选择备份到磁盘或磁带中。

如果有其他的数据库备份需求，则可以选择是备份数据库还是文件和文件组，并且可以配置数据库的备份模式。当配置好备份选项后，单击"确定"按钮，系统会提示备份成功。

任务四　还原数据库

当系统数据库出现故障时，就需要还原数据库，还原数据库的文件来自之前备份的数据库。在数据库还原之前，可以先将 mytable 数据库删除，通过还原来恢复数据库。在对象资源管理器中，右击相应的数据库，在弹出的快捷菜单中选择"恢复数据库"选项，系统会出现一个还原向导。注意：这里的"数据库"是所有数据库的统称，并不是某个数据库，是数据库的集合。

当还原数据库时，向导会要求用户填写目标数据库。目标数据库可以是一个现有的数据库，也可以是一个新的数据库。在"还原的源"选项中，可以选择"源数据库"选项进行恢复，也可以选择"源设备"选项进行恢复。这里选择"源设备"进行恢复。

单击"添加"按钮选择备份文件，备份文件选择完毕后，可以直接单击"确定"按钮，向导自动完成一些项目的填写，无须用户手动填写。

单击"确定"按钮即可完成数据库的恢复,可以看见在对象资源管理器中,mytable数据库又恢复了。备份数据库是一个非常良好的习惯,因为数据库保存着应用程序的所有信息,一旦数据丢失就会造成无法挽回的影响或损失,经常备份数据库能够在数据丢失时进行数据的恢复,将应用程序的影响降低到最小。

任务五 创建表

(一)利用表设计器创建数据表

1. 启动SQL Server Management Studio,连接到SQL Server 2008数据库实例。

2. 展开SQL Server实例,选择"数据库"→student→"表",单击鼠标右键,然后从弹出的快捷菜单中选择"新建表"命令,打开"表设计器"对话框。

3. 在"表设计器"中,可以定义各列的名称、数据类型、长度、是否允许为空等属性。

4. 当完成新建表的各个列的属性设置后,单击工具栏上的"保存"按钮,弹出"选择名称"对话框,输入新建表名stu_info,SQL Server数据库引擎会依据用户的设置完成新表的创建。

创建表中的列时,必须指定名称和数据类型。在上述创建表的过程中,创建了int数据类型的字段id和nvarchar数据类型的字段title。

在表的结构中,有的列可以被设置为唯一的标识,如学生表中的学号,当设置了唯一的标识后,此列的数据在表中必须是唯一的、不能重复的。通常情况下,将表中的ID标识设置为主键。主键可以有效地约束添加到表中的值,被称为主键约束。为了保证约束主键和数据的完整性,定义的主键的字段将不允许插入空值。

在设计器中,在相应的字段上单击右键,选择"设置主键"即可将该字段设置为主键。

在应用程序开发中,通常需要将数据库中的编号设置为主键,通过编号来筛选内容。例如,当开发一个新闻系统时,新闻系统的编号是不应该重复的,所以可以设置为主键。同时,对int类型的主键可以设置为自动增长,当插入数据时,系统会根据相应的id号自动增长而不需要通过编程实现。在设计器中,可以为int类型的字段设置为自动增长。

将相应的字段设置了自动增长时,当插入一条数据时,如果该表中没有任何数据,则表中的该字段为1,当再次插入数据时,该字段则会自动增长到2。在应用程序开发中,自动增长的字段经常被使用。

注意:若设置了主键,并配置了标识规范,就是配置自动增长,则在编写SQL的INSERT语句时无须向自动增长的列插入数据。

通过SQL Server Management管理工具可以创建表,也可以通过SQL语句创建表,创建表的语法结构将在下文予以介绍。

（二）利用SQL语句创建数据表

USE student --切换到当前数据库

Create table stu_info(--创建数据表stu_info

Sno char(10) PRIMARY KEY, --设置stu_info的主键

Sname nvarchar(20)not null,

Sage int(8) null,

Ssex nchar(2) null,

Grade int(8) null,

CNO nvarchar(20) null,

sdept nvarchar(20) null

);

注意：当使用语句创建数据库时，必须在导航栏中选择相应的数据库，默认的数据库为master，在执行SQL语句前需选择相应操作的目标数据库。

任务六 利用SQL语句修改数据表

新增字段的语法如下：

ALTER TABLE [表名] ADD [字段名] 数据类型

删除字段的语法如下：

ALTER TABLE [表名] DROP COLUMN [字段名]

例如：

ALTER stu_info ADD Saddress nvarchar(20) null, --在表stu_info中新增地址Saddress字段

ALTER stu_info DROP Saddress, --在表stu_info中删除地址Saddress字段

任务七 掌握SELECT、INSERT、UPDATE、DELETE数据表的SQL语句

熟练掌握SQL是数据库用户的宝贵财富。接下来，我们将重点学习掌握四条最基本的数据操作语句SELECT、INSERT、UPDATE和DELETE，它们是SQL的核心功能。当完成这些学习后，便可以熟练使用SQL了。

在开始之前，先使用CREATE TABLE语句来创建一个名为Stu_info的数据表，如表6-1所示。其中的每一行对应一个学生的档案资料记录，在接下来学习数据操作语句的实例中将要用到它。

表6-1 Stu_info数据表

Sno	Sname	Ssex	Sage	Sdept	Cno	Grade
1203101	李明	男	19	计算机系	C01	90
1203102	刘军	男	20	计算机系	C02	86
1203103	王文	女	20	计算机系	C03	70
1204101	张兵	男	22	信息系	C01	53

续表

Sno	Sname	Ssex	Sage	Sdept	Cno	Grade
1204102	吴丽	女	21	信息系	C02	82
1204103	张华	男	20	信息系	C04	95
1205101	钱芳霞	女	18	数学系	C01	75
1205102	王胜文	男	19	数学系	C03	56

（一）SELECT查询语句

SELECT语句的语法结构：

select select_list

[into new_table]

From table_source

[where search_condition]

[group by group_by_expression]

[having search_condition]

order by order_expression[asc|desc]]

参数说明如下：

1. select子句：指定由查询结果返回的列。查询所有字段可以使用通配符*、count（）等，select * from …，"count"统计所有记录的条数，select count（）from …；"sum"对指定字段汇总，另外还可以使用avg、max、min对指定字段求平均值、最大值、最小值。

2. into子句：将查询结果存储到新表或视图中。

3. from子句：用于指定数据源，即使用的列所在的表或视图。如果对象不止一个，那么它们之间必用逗号分开。

4. where子句：指定用于限制返回的行的搜索条件。如果select语句没有where子句，DBMS假设目标表中的所有行都满足搜索条件。

条件可以使用=、>、<、>=、<=、like、BETWEEN…AND(其中BETWEEN后边指定范围的下限，AND后边指定范围的上限) 等，具体如表6-2所示。

表6-2　查询满足条件的元组

查询条件	各种符号
比较运算符	=、>、>=、<、<=、<>（或!=）NOT+比较运算符
确定范围	BETWEEN…AND、NOT BETWEEN…AND
确定集合	IN、NOT IN
字符匹配	LIKE、NOT LIKE
空值	IS NULL、IS NOT NULL
逻辑谓词	AND、OR

5. group by子句：指定用来放置输出行的组，并且如果select子句select_list中包含聚

合函数，则计算每组的汇总值。

6. having子句：指定组或聚合函数的搜索条件。having通常与group by子句一起使用。

7. order by子句：指定结果集的排序方式。asc关键字表示升序排列结果，desc关键字表示降序排列结果。如果没有指定任何一个关键字，那么asc就是默认的关键字。如果没有order by子句，DBMS将根据输入表中数据的存放位置来显示数据。

通过表6-1名字为Stu_info的数据表，列举实例如下：

1. 查询选修了"c01"号课程的学生的学号及成绩，查询结果按成绩降序排列。

SELECT Sno, Grade FROM Stu_info
    WHERE Cno="c01" ORDER BY Grade DESC

2. 查询全体学生的信息，查询结果按所在系的系名升序排列，同一系的学生按年龄降序排列。

SELECT * FROM Stu_info
    ORDER BY Sdept, Sage DESC

3. 查询年龄在20～23岁的学生的姓名、所在系和年龄。

SELECT Sname, Sdept, Sage FROM Stu_info
    WHERE Sage BETWEEN 20 AND 23

4. 统计成绩80分以上的学生总人数。

    SELECT COUNT(*) FROM Stu_info WHERE Grade > 80

5. 查询与刘军在同一个系的学生。

    SELECT Sno, Sname, Sdept
      FROM Stu_info
        WHERE Sdept IN
          (SELECT Sdept FROM Stu_info
            WHERE Sname = '刘军')
          AND Sname != '刘军'

SELECT语句是数据库操作中最常使用的语句，通过编写复合查询语句可以实现许多高级的功能，建议大家多查找相关资料进行深入了解。

（二）INSERT插入语句

语法如下：

INSERT INTO 数据表 (字段1,字段2,...) VALUES (值1,值2, ...)

作用：向表中插入一条记录。

说明：

1. 插入值的类型必须与对应字段类型一致。

2. 插入文本型和日期型字段必须使用成对单引号。

3. 如果没有指明字段，使用Insert into 表名 values（值1，值2）这样的语句，则指定值按表中字段顺序进行插入。

通过表6-1名字为Stu_info的数据表，列举实例如下：

将新生记录（1204105，陈强，男，信息系，18岁）插入到Stu_info表中。

  INSERT INTO Stu_info
    VALUES ('1204105', '陈强', '男', 18, '信息系')

（三）Update更新语句

语法如下：

Update 数据表 set 字段1=值1，字段2=值2 where 条件

作用：修改指定表中符合条件的字段的值，如果没有指定条件，则修改表中所有记录该字段的值。

例如：将Stu_info数据表中学号为"1203101"的学生的年龄改为21岁。

  UPDATE Stu_info SET Sage = 21
    WHERE Sno = '1203101'

（四）Delete删除语句

语法如下：

delete 数据表 where 条件

作用：删除表中符合条件的记录，如果没有指定条件则删除表中所有记录。

例如：删除Stu_info数据表中所有成绩不及格学生的记录。

  DELETE FROM Stu_info
    WHERE Grade < 60

情景上机实训

一、实验目的

掌握SQL数据操作语句（SELECT、INSERT、UPDATE、DELETE）的使用。

二、实验步骤

以表6-1为例，打开SQL Server 2008，找到数据库student右击，单击"新建查询"选项，打开"新建查询"对话框，写出以下语句后，单击"执行"按钮并查看返回结果。

◆ 注册语句（即insert语句），注册新生记录（1204105，陈强，男，信息系，18岁）。

    INSERT INTO Stu_info VALUES ('1204105', '陈强', '男', 18, '信息系')

◆ 登录语句（即SELECT语句），也就是查询数据表stu_info有没有该条记录，如果有就说明能登录成功，如果没有就需要注册。请查询数据表stu_info中姓名为"陈

强"的学生存不存在。

SELECT * FROM stu_info WHERE Sname='陈强'

◆ 修改语句（即UPDATE语句），把学号为"1204105"的学生的系别修改为"法律系"。

UPDATE sudent SET Sdept='法律系'WHERE Sno='1204105'

◆ 注销语句（即DELETE语句），把学号为"1204105"的学生删除。

DELETE FROM stu_info WHERE Sno='1204105'

习　题

一、选择题

1. SQL语言是（　　）的语言，易学习。

A. 过程化　　　　B. 非过程化　　　　C. 格式化　　　　D. 导航式

2. 下列SQL语句中，修改表结构的是（　　）。

A. ALTER　　　　B. CREATE　　　　C. UPDATE　　　　D. INSERT

3. 创建数据表的SQL语句（　　）。

A. CREATE DATABASE 数据表名　　　　B. CREATE DATABASE 数据库名

C. CREATE TABLE 数据表名　　　　D. CREATE TABLE 数据库名

4. 要在数据表添加一列，要用的SQL命令是（　　）。

A. ALTER　　　　B. MODIFY　　　　C. MAKE　　　　D. DROP

5. 删除数据库命令是（　　）。

A. DELETE　　　　　　　　　　　　B. DROP

C. ALTER　　　　　　　　　　　　D. AMPUTATE

二、简答题

1. 简述数据库及数据表的创建过程及代码。

2. 简述SELECT、INSERT、UPDATE、DELETE数据表的SQL语句语法格式。

3. 如何通过代码修改数据表？

4. 简述数据库备份和恢复的过程。

单元七

数据访问技术

ADO.NET 是Microsoft 提供的数据访问技术，它能够让开发人员更加方便地在应用程序中使用和操作数据。在 ADO.NET 中，大量复杂的数据操作的代码被封装起来，所以当开发人员在 ASP.NET应用程序开发中，只需要编写少量的代码即可处理大量的操作。ADO.NET 并不是一种语言，而是对象的集合。

项目一 数据库操作

情景：

王明同学计划编写一个网页登录和注册页面，想知道在 Visual Studio 2008环境下怎么建立数据库（SQL Server 或Access）？如何在数据库中添加用户表？建立好数据库和用户表后又怎么通过页面连接数据库、操作数据库呢？于是他查阅资料找到了方法。

知识能力与目标：

☆ 掌握在Visual Studio 2008环境下建立SQL Server数据库。
☆ 了解在Visual Studio 2008环境下建立Access数据库。
☆ 掌握通过Connection 对象、Command 对象、DataReader对象操作有连接数据库。
☆ 掌握通过Connection对象、DataAdapter 对象、DataSet对象操作无连接数据库。

任务一 在Visual Studio 2010环境下建立数据库

Visual Studio 2010兼容多类型的数据库，如ODBC、ORERCLE、SQL Server、OLEDB。下面我们着重说明如何在Visual Studio 2010环境下建立SQL Server数据库和Access（OLEDB类型）数据库。

（一）添加SQL Server数据库（mdf格式）

建立一个新网页后，右击在"解决方案资源管理器"中的App_Data文件夹→添加新项→选择"SQL Server数据库",命名为"StuDatabase.mdf,单击"确定"按钮按钮后如图7-1所示。

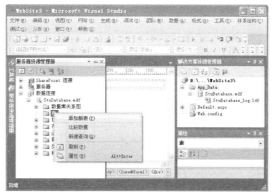

图7-1 添加StuDatabase.mdf数据库

在"视图"中的"服务器资源管理器"页面展开StuDatabase.mdf数据库中的表,右击,选择"添加新表"选项后如图7-2所示。

图7-2 在StuDatabase.mdf数据库中创建studb数据表

单击创建好的stutb表,右击,选择"显示表数据"选项,对stutb数据表进行数据录入,如图7-3所示。

图7-3 对stutb数据表录入数据

（二）建立DBO架构SQL Server数据库

在"视图"中打开"服务器资源管理器"，右击"数据连接"，然后单击"创建SQL Server 数据库"选项，弹出如图7-4所示，创建后如图7-5所示。

图7-4　建立DBO架构SQL Server数据库　　　图7-5　mydatabase.dbo数据库

（三）添加Access数据库

首先通过Microsoft Officce Access创建好数据库2014.mdb，然后在Visual Studio 2010中右击"解决方案资源管理器"中的App_Data文件夹"选择添加现有项"选项，再选择"2014.mdb"数据库，这样数据库"2014.mdb"就被添加到App_Data文件夹中，并且会自动添加到"视图"中的"服务器资源管理器"中，如图7-6所示。

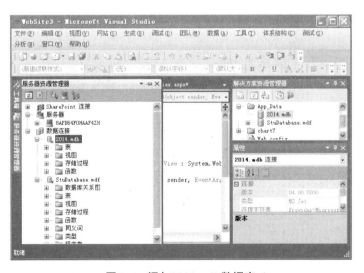

图7-6　添加2014.mdb数据库

在2014.mdb数据库中的数据表是在Microsoft Officce Access创建好的，只能修改表内数据,不能在Visual Studio 2010环境下添加新表及修改表结构。相反在本系统下创建的StuDatabase.mdf数据库是可以的。以上两种方式创建的数据库,在移植的时候非常方便,直接把整个文件夹拷贝、粘贴即可。但DBO架构的mydatabase.dbo数据库在移植的时候需要进入到安装有Microsoft SQL Server 2008的系统内通过备份与恢复进行数据库移植。

任务二　连接数据库的方法

连接数据库有多种方法,本节简述其中的两种:

第一种通过接对象:Connection 对象、Command 对象、DataReader 对象。

第二种通过接对象:Connection 对象、DataAdapter 对象、DataSet对象。

其中,Connection对象提供与数据库的连接;Command对象能够访问用于返回数据、修改数据、运行存储过程,以及发送或检索参数信息的数据库命令;DataReader对象从数据源中提供高性能的数据流。DataAdapter对象提供连接 DataSet对象和数据源的桥梁,使用Command对象在数据源中执行SQL命令,以便将数据加载到DataSet中,并使对DataSet中的数据更改与数据源保持一致。ADO.NET两种连接数据库连接流程图如图7-7所示。

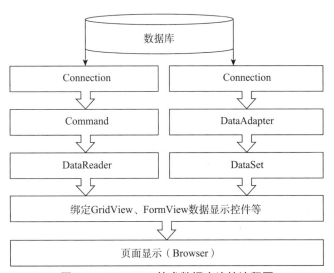

图7-7　ADO.NET技术数据库连接流程图

在.NET 开发中,通常情况下开发人员被推荐使用 Access 或者 SQL 作为数据源,若需要连接 Access数据库,可以使用 System.Data.Oledb.OleDbConnection 对象来连接;若需要连接 SQL 数据库,则可以使用 System.Data.SqlClient.SqlConnection 对象来连接。本章主要讨论连接 Access 和 SQL 数据库。

（一）连接 SQL 数据库（mdf格式）

如需要连接 SQL 数据库,则需要使用命名空间 System.Data.SqlClient。使用System.Data.SqlClient能够快速地连接 SQL 数据库,因为 System.Data.SqlClient为开发人员提供

了连接方法，示例代码如下所示：

```
using System.Data.SqlClient;                // 使用 SQL 命名空间
```

连接 SQL 数据库，则需要创建 SqlConnection 对象，SqlConnection 对象创建代码如下所示：

```
SqlConnection Sqlcon = new SqlConnection();         // 创建连接对象
Sqlcon.ConnectionString =
@"Data Source=.\SQLEXPRESS;AttachDbFilename=|DataDirectory|数据库名;Integrated Security=True;User Instance=True";        // 创建数据库连接字串,相对路径连接方法
```

上述代码创建了一个 SqlConnection 对象，并且配置了连接字串。SqlConnection 对象定义了一个专门接受连接字符串的变量 ConnectionString，当配置了 ConnectionString 变量后，就可以使用 Open()方法来打开数据库连接，示例代码如下所示：

```
SqlConnection Sqlcon = new SqlConnection();         // 创建连接对象
Sqlcon.ConnectionString =
@"Data Source=.\SQLEXPRESS;AttachDbFilename=|DataDirectory|数据库名;Integrated Security=True;User Instance=True";        // 创建数据库连接字串,相对路径连接方法
Try                         // try-catch异常处理语句, catch为异常处理方法
{
    Sqlcon.Open();                          // 尝试打开连接
    Label1.Text = "连接成功";                // 提示打开成功
Sqlcon.Close();                             // 关闭连接
}
catch
{
    Label1.Text = "连接失败";                // 提示打开失败
}
```

上述代码尝试判断是否数据库连接被打开，使用 Open() 和Close() 方法能够建立应用程序与数据库之间的连接和关闭。

（二）连接DBO架构数据库

```
using System.Data.SqlClient;                // 使用 SQL 命名空间


SqlConnection Sqlcon = new SqlConnection();
Sqlcon.ConnectionString =
"Data Source= 计算机名\SQLEXPRESS; Initial Catalog=数据库名; Integrated Security=True"
    Sqlcon.Open();
```

（三）连接Access数据库

如需要连接Access数据库，则需要使用命名空间 System.Data.OleDb。使用System.Data.OleDb 能够快速地连接Access数据库，因为 System.Data.OleDb同样为开发人员提供了连接方法，示例代码如下所示：

  using System.Data.Oledb;   // 使用 Oledb 命名空间

连接Access数据库，则需要创建 OleDbConnection对象，OleDbConnection对象创建代码如下所示：

  OleDbConnection OleDbcon = new OleDbConnection();   // 创建连接对象
  string str = "Provider=Microsoft.Jet.OLEDB.4.0;data source=|DataDirectory|数据库名;Persist Security Info=True";   // 创建数据库连接字串，相对路径连接方法
  oledbcon.ConnectionString=str;   // 设置连接字串
  try
  {
    OleDbcon.Open();   // 尝试打开连接
    Label1.Text = "连接成功";   // 提示打开成功
    OleDbcon.Close();   // 关闭连接
  }
  catch
  {
    Label1.Text = "连接失败";   // 提示打开失败
  }

总之，连接SQL数据库与Aceess数据库区别就在于是"Sql"还是"OleDb"。

任务三　查询、修改数据库

数据库建立、连接完成之后，接下来通过页面要对数据库进行相关的操作（包括查询、插入、更新、删除等）。

（一）Command执行对象

Command对象是在Connection对象连接数据库之后，对数据库执行查询(SELECT)、添加(INSERT)、删除(DELETE)和修改(UPDATE)等各种操作时使用的。操作实现的方式可以使用SQL语句，也可以使用存储过程，Command对象可以通过以下主要方法对数据源进行操作：

  using System.Data.SqlClient;   // 使用SQL数据库，导入命名空间
  ……………………………….
  string str =

@"Data Source=.\SQLEXPRESS;AttachDbFilename=|DataDirectory|\StuDatabase.mdf;Integrated

　　Security=True;User Instance=True";　　　　　　//相对路径连接方法，移植数据库不考虑盘符

　　SqlConnection Sqlcon = new SqlConnection(str);

　　Sqlcon.Open();　　　　　　　　　　　　　　　// 打开数据库连接

　　SqlCommand Sqlcmd = new SqlCommand("select * from stutb ", Sqlcon); // 建立 Command对象

　　Sqlcmd. ExecuteReader();

　　Command对象可以通过以下主要方法对数据源进行操作：

　　1. ExecuteNonQuery方法。ExecuteNonQuery方法执行诸如UPDATE、INSERT和DELETE语句有关的更新操作，在这些情况下，返回值是命令影响的行数。

　　using System.Data.SqlClient;　　　　　　　　　// 使用SQL数据库，导入命名空间

　　………………………………….

　　string str = @"Data Source=.\SQLEXPRESS;AttachDbFilename="D:\My Documents\Visual Studio 2008\WebSites\WebSite3\App_Data\ StuDatabase.mdf";Integrated Security=True;User Instance=True";　　　　//绝对路径连接方法，移植的时候必须把StuDatabase.mdf放到D盘指定目录里，否则出错

　　SqlConnection Sqlcon = new SqlConnection(str);

　　Sqlcon.Open();　　　　　　　　　　　　　　　// 打开数据库连接

　　SqlCommand Sqlcmd = new SqlCommand("delete from stutb where sno='1001', Sqlcon);　　//建立对象

　　Int count = (Int)Sqlcmd. ExecuteNonQuery();　　　　　　// 返回更新的行数

　　2. ExecuteReader方法。ExecuteReader方法通常与查询命令（SELECT）一起使用，并且返回查询的结果集。如果通过ExecuteReader方法执行一个更新(UPDATE)语句，则该命令成功地执行，但是不会返回任何受影响的数据行。

　　using System.Data.SqlClient;　　　　　　　　　// 使用SQL数据库，导入命名空间

　　………………………………….

　　// 创建数据库连接字串，绝对路径连接方法

　　SqlConnection Sqlcon = new SqlConnection(str);

　　Sqlcon.Open();　　　　　　　　　　　　　　　// 打开数据库连接

　　SqlCommand Sqlcmd = new SqlCommand("select * from stutb ", Sqlcon); // 建立 Command对象

　　Sqlcmd. ExecuteReader()　　　　　　　　　　// 返回查询结果集

　　3. ExecuteScalar方法。执行查询，并返回查询所返回的结果集中第一行的第一列。如果只想检索数据库信息中的一个值，而不需要返回表或数据流形式的数据库信息，例如，只需要返回 COUNT(*)、SUM(grade) 或 AVG(grade) 等聚合函数的结果，那

么Command对象的ExecuteScalar方法就很有用。如果在一个常规查询语句当中调用该方法，则只读取第一行第一列的值，而丢弃所有其他值。

```
using System.Data.SqlClient;                    //使用SQL数据库，导入命名空间
……………………………….
SqlConnection Sqlcon = new SqlConnection();
Sqlcon.ConnectionString ="Data Source=计算机名\SQLEXPRESS; Initial Catalog=mydatabase; Integrated Security=True"           //DBO数据库连接方法
 Sqlcon.Open();                                  //打开数据库连接
SqlCommand Sqlcmd = new SqlCommand("select count (*) from stutb where sex='男', Sqlcon);
Int count = (Int)Sqlcmd. ExecuteScalar ();       //返回查询的记录数，即男生有多少人
```

（二）DataReader对象

Command 对象执行SQL 语句，执行结果集可以通过DataReader对象从数据库中读取。创建DataReader对象后，必须用Open()的方法打开连接，因为DataReader对象读取数据时需要与数据库保持连接，所以在使用完DataReader对象读取完数据之后应该立即调用它的Close()方法关闭。

DataReader 对象的 Read 方法每次读取一行，通过while循环语句可以读到最末一行。示例代码如下所示：

```
while (dr.Read())
{
   Response.Write(dr["sno"].ToString()+"<hr/>");
}
```

上述代码通过 dr["sno"]来获取数据库中 sno 这一列的值，同样也可以通过索引来获取某一列的值，示例代码如下所示：

```
while (dr.Read())
{
   Response.Write(dr[0].ToString()+"<hr/>");
}
```

Connection对象、Command对象、DataReater对象联合读取数据库数据实例的完整代码如下：

using System;
using System.Collections.Generic;
using System.Linq;
using System.Web;
using System.Web.UI;

```csharp
using System.Web.UI.WebControls;
using System.Data.SqlClient;                          //使用SQL数据库，导入命名空间
public partial class _Default : System.Web.UI.Page
{
    protected void Page_Load(object sender, EventArgs e)
    {
        String str =
@"DataSource=.\SQLEXPRESS;AttachDbFilename=|DataDirectory|StuDatabase.mdf;Integrated Security=True;User Instance=True";   //创建数据库连接字串，相对路径连接方法
        SqlConnection Sqlcon = new SqlConnection(str);
        Sqlcon.Open();                                //打开数据库连接
        SqlCommand Sqlcmd = new SqlCommand("select* from stutb", Sqlcon);
        SqlDataReader dr = Sqlcmd.ExecuteReader();    // DataReader对象读取SQL语句执行的记录
        while (dr.Read())                             //通过while循环一行一行地读取记录
        {
            Response.Write(dr["sname"].ToString()+"<hr/>");  //显示表：stutb 中sname列的所有记录，即显
                                                      //示表：stutb中所有学生的姓名
        }
        Sqlcon.Close();                               //切记要关闭数据库连接
    }
}
/* 说明：斜体代码：为系统自生成代码。*/
```

运行结果如图7-8所示。

图7-8　DataReader对象运行结果

任务四 "无连接"数据库

DataSet对象与DataReader对象的不同在于，DataSet对象是一次性将需要的数据获得，之后就与数据库断开连接；而DataReader对象则是每次只读取一行记录，并且只能不断地从数据库中向前读取记录，数据库服务器负荷会增大。

（一）DataSet对象

DataSet对象可以用来存储从数据库查询到的数据结果，由于它在获得数据或更新数据后立即与数据库断开，DataSet对象具有离线访问数据库的特性，所以它不会频繁地与数据库交互，从而提高数据处理效率。

DataSet就像一个内存中的小型数据库，它由多个DataTable和DataRelation构成，每个DataTable则由DataRow、DataColumn以及主键、外键等信息构成。

```
DataTable Table = new DataTable();                          // 创建一个 DataTable
DataColumn Colum = new DataColumn();                        // 创建一个 DataColumn
Colum = Table.Columns.Add("user", typeof(string));          // 增加一个列
Colum = Table.Columns.Add("password", typeof(string));      // 增加一个列
DataRow Row1 = Table.NewRow();                              // 创建一个新 DataRow 对象
Row1["user"] = "zhangsan";                                  // 使用列名赋值列
Row1["password"] = "123456";                                // 使用列名赋值列
Table.Rows.Add(Row1);                                       // 增加一条记录
DataRow Row2 = Table.NewRow();
Row2["user"] = "lisi";
Row2["password"] = "654321";
Table.Rows.Add(Row2);
DataSet ds = new DataSet();                                 // 创建数据集
ds.Tables.Add(Table);                                       // 增加表
GridView1.DataSource = ds.Tables[0].DefaultView;            // 绑定GridView控件显示DataTable内容
GridView1.DataBind();
```

运行结果如图7-9所示。

图7-9　DataSet对象运行结果

（二）DataAdapter 对象

DataAdapter对象用于从数据源中获取数据，填充DataSet中的表和约束，并将对DataSet的更改提交回数据源，DataAdapter对象是连接数据库与DataSet对象的桥梁。DataAdapter对象有4个重要属性，即SelectCommand、InsertCommand、UpdateCommand和DeleteCommand。这4个属性都是Command对象。

通过Connection对象、DataAdapter对象、DataSet对象连接数据库的完整代码如下：

```csharp
using System.Data.SqlClient;
using System.Data;
public partial class chart7_DataAdapter : System.Web.UI.Page
{
        protected void Button1_Click(object sender, EventArgs e)
    {
        string username = TextBox1.Text.ToString().Trim();
        string password = TextBox2.Text.ToString().Trim();
        string str =
 @"DataSource=.\SQLEXPRESS;AttachDbFilename=|DataDirectory|StuDatabase.mdf;Integrated Security=True;User Instance=True";        //创建数据库连接字串
        SqlConnection Sqlcon = new SqlConnection(str);           //创建连接字符串
        string sqlstr = "select * from usertb";              // 定义sql语句字符串
        Sqlcon.Open();
        SqlDataAdapter sda = new SqlDataAdapter(sqlstr, Sqlcon);           // 暂时把数据装"车"
        SqlCommandBuilder cb = new SqlCommandBuilder(sda);          // 用来批量更新数据库
        DataSet ds=new DataSet();
        sda.Fill(ds);                         //dataset对象把"车"上数据收了
        int i=0;                              // 数据表写入内容
        foreach (DataTable table in ds.Tables)
        {
            foreach (DataRow dr in table.Rows)
            {
                dr[0] = username + i;
                dr[1] = password + i;
                i++;
            }
```

```
            }
            sda.Update(ds);                              // 批量更新书库
            Sqlcon.Close();
            GridView1.DataSource = ds.Tables[0].DefaultView;
            GridView1.DataBind();
    }
```
运行结果如图7-10所示。

图7-10　DataAdapter对象运行结果

总之，通过Connection对象、Command对象、DataReater对象连接数据库有人称为面向连接，特点是效率高，但频繁与数据库交互，增加数据库服务器负荷；通过Connection对象、DataAdapter对象、DataSet对象连接数据库称为面向无连接，特点是读完数据就断开数据库连接，数据在客户端处理完后，一次性返回数据库服务器，降低数据库服务器负荷。

情景上机实训

一、实验目的

掌握数据库连接方法的代码编写及对数据库的操作。

二、实验步骤

◆ 创建登录网页login.aspx、注册网页zhuce.aspx及登录成功跳转网页index.aspx。在login.aspx中添加两个TextBox控件和两个Button控件，两个TextBox控件分别命名ID为username及password。注册页面和登录页面分别如图7-11和图7-12所示。

图7-11　zhuce.aspx页面　　　　　　图7-12　login.aspx页面

◆ 使用SQL Server创建数据库StuDatabase.mdf，并在其中创建表usertb，如图7-13所示。

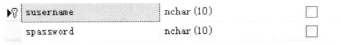

图7-13 表usertb

◆ 主要设计代码如下：

```
// 插入代码
SqlConnection Sqlcon = new SqlConnection();
    Sqlcon.ConnectionString =
@"Data Source=.\SQLEXPRESS;AttachDbFilename=|DataDirectory|StuDatabase.mdf;Integrated Security=True;User Instance=True";
    Sqlcon.Open();
    string sqlstr="insert into usertb (susername,spassword) values('"+T3.Text.ToString()+"','"+T4.Text.ToString()+"')";
    SqlCommand Sqlcmd = new SqlCommand(sqlstr, Sqlcon);
    Sqlcmd.ExecuteNonQuery();
    Sqlcon.Close();
//登录代码
SqlConnection Sqlcon = new SqlConnection();
    Sqlcon.ConnectionString = @"Data Source=.\SQLEXPRESS;AttachDbFilename=|DataDirectory|StuDatabase.mdf;Integrated Security=True;User Instance=True";
    Sqlcon.Open();
    string sqlstr = "select count(*) from usertb where susername='" + T1.Text.ToString() + "' and spassword= '" + T2.Text.ToString() + "'";
    SqlCommand Sqlcmd = new SqlCommand(sqlstr, Sqlcon);
    int aa = Convert.ToInt16(Sqlcmd.ExecuteScalar());
    if (aa>0)
    {
        Sqlcon.Close();
        Response.Redirect("index.aspx");
    }
```

项目二 显示数据

 情 景：

王明同学在项目一情景上机实训中登录成功跳转到index.aspx页面，每次查看stuscore表的数据情况都要打开数据库，很不方便。能否根据用户需求把stuscore表的部分数据显示到index.aspx页面上来，并在显示数据表中添加超链接列，单击超链接列之后能看到更详细的信息？这样就不用每次都要打开数据库才可查询到结果。这种数据显示技术是ADO.NET技术的重要功能之一，实现起来非常方便，几乎不用写一行代码。

 知识能力与目标：

☆ 掌握SqlDataSource 控件的使用方法。
☆ 了解AccessDataSource控件的使用方法。
☆ 掌握GridView控件、FormView 控件与 DetailsView的使用方法。

任务一 SqlDataSource 控件绑定数据

SqlDataSource控件在数据库的操作中起着桥梁的作用。它连接了数据库和用于显示数据库中内容的控件。通过该控件，可以设置访问数据库的方法、显示数据的方法等属性。它常与GridView、FormView、DetailView等数据绑定控件一起使用。

（一）SqlDataSource 控件的常用属性

```
<asp:SqlDataSource ID=" SqlDataSource 1"
ProviderName="System.Data.SqlClient" runat="server"
ConnectionString="<%$ ConnectionStrings: ApplicationServices %>"
SelectCommand="SELECT * FROM [usertb]"
UpdateCommand="UPDATE [usertb] SET [password] = @TextBox2 WHERE
    [username] = @TextBox1"            <UpdateParameters>
      <asp:Parameter Name="TextBox2" Type=" String" />
      <asp:Parameter Name="TextBox1" Type=" String" />
    </UpdateParameters> stutb ">
</asp:SqlDataSource>
```

1. ProviderName: SqlDataSource控件连接底层数据库的提供程序名称。相当于使用命名空间 using System.Data.SqlClient。

2. ConnectionString: SqlDataSource控件可使用该参数连接到底层数据库。该属性需要在

web.config文件中添加代码如下：

<connectionStrings>

<add name="ApplicationServices"

connectionString=""DataSource=.\SQLEXPRESS;

AttachDbFilename=|DataDirectory|StuDatabase.mdf;Integrated

Security=True;User Instance=True"/>

</connectionStrings>

3. SelectCommand: SqlDataSource控件从底层数据库中选择数据所使用的SQL命令。同理还有InsertCommand、UpdateCommand和DeleteCommand属性，应用道理相同。

4. SqlDataSource控件的一个重要属性是DataSourceMode。这个属性可以告诉控件，在检索数据时，是使用DataSet还是使用DataReader。如果选择使用DataReader，即只前向地只读光标。但选择使用DataSet可以使数据源控件变得更强大。该属性的默认值是使用DataSet检索数据。

5. SqlDataSource控件具有SelectCommand、InsertCommand、UpdateCommand和DeleteCommand四个执行SQL语句功能，其中的参数通过SelectParameters、InsertParameters、UpdateParameters、DeleteParameters添加。

（二）使用SqlDataSource控件连接SQL Server 数据库

首先，新建网页SqlDataSource.aspx，在新建的网页上面拖拽SqlDataSource控件，单击其上面的">"标识，选择"配置数据源"，弹出如图7-14所示的对话框，在"数据源（S）："选项中选择"Microsoft SQL Server"选项。

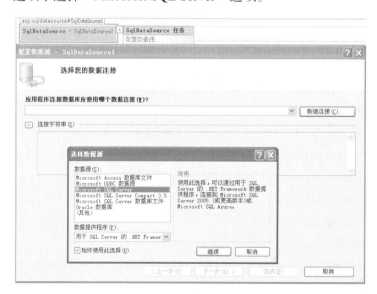

图7-14 配置数据源

单击"继续"按钮进入图7–15所示界面。

图7–15　添加数据库连接

服务器名为本级计算机名\SQLEXPRESS。选择一个已通过"服务器资源管理器"创建完的SQL Server 数据库或是输入一个准备创建的SQL Server数据库名字。如果是通过右击App_Data文件添加的*.mdf文件，需单击"更改"按钮然后在"更改数据源"对话框中选择"Microsoft SQL Server 数据库文件"并单击"确定"按钮，弹出"添加连接"对话框，单击"浏览"按钮选择App_Data文件添加的*.mdf文件即可。单击"确定"按钮进入图7–16所示对话框。

图7–16　连接的数据库及连接字符串

复制"连接字符串"里面的内容（即为自动创建的连接字符串代码），复制既可用与数据库连接。单击"下一步"按钮弹出图7-17所示的对话框。

图7-17 选择数据表级配置select语句

在图7-17中，选择SQL Server数据库中的表（如：usertb）输出到SqlDataSource控件中，单击右边的"WHERE"按钮可以添加where条件字句。

图7-18 为数据源的表配置修改功能

单击"高级"按钮弹出图7-18所示的"高级SQL生成选项"对话框，选中第一个选项，则在SqlDataSource控件前台代码中自动生成SelectCommand、InsertCommand、UpdateCommand、DeleteCommand功能SQL语句，前提是所选择的表必须设有主键，否则该选项无效（无法选择），SqlDataSource控件添加、更新、删除功能无效。

任务二　AccessDataSource控件绑定数据

AccessDataSource 控件是使用 Access 数据库的数据源控件。与SqlDataSource控件一样使用 SQL 查询执行数据检索。但AccessDataSource控件不需要设置ConnectionString属性，而是使用DataFile属性直接指定要用于数据访问的Access数据库。

<asp:AccessDataSource ID ="AccessDataSource1" runat="server"
　　DataFile="~/App_Data/2014.mdb"　　// Accesss数据文件路径
　　SelectCommand="SELECT *FROM [major]">
</asp:AccessDataSource>
// 右击App_Data，选择"添加现有项"选项，再选中已建立的2014.mdb 即可

数据绑定控件用于把数据源获取的数据显示出来，下面重点介绍3个数据绑定控件：GridView、DetailsView、FormView。这些控件只需开发人员简单配置一些属性，就能够完成例如分页、编辑（增、删、改）、排序等功能。

任务三　GridView控件数据绑定

GridView控件具有强大的、自动化功能，开发人员只需设置一些简单的属性，就能够实现复杂的功能，不需编写冗长的代码。

（一）在GridView控件中显示数据

GridView控件通过与数据源控件（如SqlDataSource控件）绑定，可以将数据源控件获得的数据显示在网页中。

拖拽GridView控件到页面，单击 ◁ 展开，在"选择数据源"中选择"新建数据源"就出现（任务一中使用SqlDataSource控件连接SQL Server 数据库）内容。代码如下：

```
<asp:GridView ID="GridView1" runat="server" AutoGenerateColumns="False"
DataKeyNames="sno" DataSourceID="SqlDataSource1" Height="208px" Width="203px">
　<Columns>
　　　<asp:BoundField DataField="sno" HeaderText="sno" ReadOnly="True"
SortExpression="sno" />
　　　<asp:BoundField DataField="sname" HeaderText="sname"
SortExpression="sname" />
　　　<asp:BoundField DataField="sclass" HeaderText="sclass"
SortExpression="sclass" />
　　　<asp:BoundField DataField="yuwen" HeaderText="yuwen"
SortExpression="yuwen" />
　　　<asp:BoundField DataField="shuxue" HeaderText="shuxue"
SortExpression="shuxue"/>
```

<asp:BoundField DataField="english" HeaderText="english" SortExpression="english" />

</Columns>

</asp:GridView>

代码中的属性说明如表7-1所示。

表7-1　代码中的属性及说明

属　　性	说　　明
AutoGenerateColumns	指示是否自动地为数据源中的每个字段创建列。默认为true
DataKeys	获得一个表示在DataKeyNames中为当前显示记录设置主键字段值
DataSourceID	指示所绑定的数据源控件
HeaderText	页面中字段显示的名字
DataField	绑定数据库中表的字段名字
SortExpression	获取与正在排序的列关联的排序表达式

展示效果如图7-19所示。

图7-19　GridView控件配置数据源

运行效果如图7-20所示。

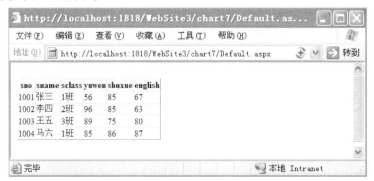

图7-20　GridView控件显示数据的运行结果

（二）编辑GridView控件的字段名

在图7-19中，单击"编辑列"打开如图7-21所示的对话框。

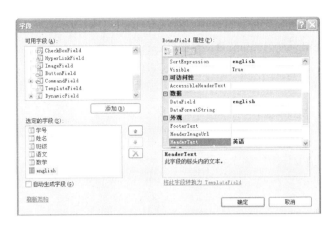

图7-21 为GridView控件编辑字段名

其中，对应的每个字段都有属性HeaderText（指页面中字段显示的名字），把英文字段改成中文，如：sno 改为页面显示为"学号"等。运行结果如图7-22所示。

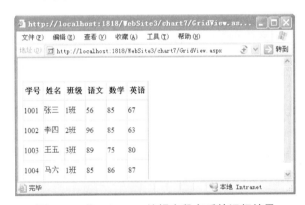

图7-22 为GridView编辑字段名后的运行结果

（三）编辑列

编辑列可用字段如表7-2所示。

表7-2 编辑列可用字段描述

类 型	描 述
BoundField	默认的列类型。作为纯文本显示一个字段的值
ButtonField	作为按钮显示一个字段的值
CheckBoxField	作为一个复选框显示一个字段的值
CommandField	表示一个特殊的命令，诸如Select、Delete、Insert或Update
HyperLinkField	作为超链接显示一个字段的值。单击该超链接时，浏览器导航到指定的URL
ImageField	作为一个<img> HTML标签的Src属性显示一个字段的值
TemplateField	当我们需要创建一个定制的列字段时，则使用该列类型

在图7-22中，添加一列HyperLinkField，列名为"详情"，超链接显示内容为"具

体内容请点击…"，超链接到~/chart7/DataSet.aspx，操作界面如图7-23所示。

图7-23　为GridView控件显示列添加一列HyperLinkField

生成代码如下：
<asp:GridView ID="GridView1" runat="server" AutoGenerateColumns="False" DataKeyNames="sno" DataSourceID="SqlDataSource1" Height="208px" Width="392px" >
　<Columns>　　　　　　　　　　　　　　　// DataKeyNames 表内主键字段名
　　　<asp:BoundField DataField="sno" HeaderText="学号" ReadOnly="True"
　　　　　　　SortExpression="sno" />
　　　<asp:BoundField DataField="sname" HeaderText="姓名" SortExpression="sname" />
　　　<asp:BoundField DataField="sclass" HeaderText="班级" SortExpression="sclass" />
　　　<asp:BoundField DataField="yuwen" HeaderText="语文" SortExpression="yuwen" />
　　　<asp:BoundField DataField="shuxue" HeaderText="数学" SortExpression="shuxue"/>
　　　<asp:BoundField DataField="english" HeaderText="英语" SortExpression="english" />
　　　<asp:HyperLinkField HeaderText="详情" NavigateUrl="~/chart7/DataSet.aspx"
　　　　　　　　Text="具体内容请点击…" />　// 添加超链接（HyperLinkField）列
　</Columns>
</asp:GridView>

运行结果如图7-24所示。

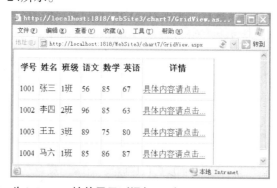

图7-24　为GridView控件显示列添加一列HyperLinkField的运行结果

（四）编辑模板（TemplateField）

TemplateField列可以自己定制列模板，使同一列具有同样的效果，用起来灵活方便。

表7-3 编辑模板详情

模板名	说　　明
ItemTemplate	用于显示数据绑定控件的TemplateField中的一项
AlternatingItemTemplate	用于显示TemplateField的替换项
EditItemTemplate	用于显示编辑模式下的TemplateField项
HeaderTemplate	用于显示TemplateField的标题部分
FooterTemplate	用于显示TemplateField的脚标部分

例如：通过"编辑列"分别选中"语文""数学""英语"三列，然后单击"将此字段转换为TemplateField"，如图7-25所示。

图7-25 将列转换为TemplateField列

单击"确定"按钮之后，在选择GridView控件的"编辑模板"弹出窗口如图7-26所示。其中每一个TemplateField类型列都有上述五种模板定义，用起来统一、方便灵活。

图7-26 TemplateField列编辑模板

单击"结束模板"之后，自动生成代码如下：

```asp
<asp:GridView ID="GridView1" runat="server" AutoGenerateColumns="False"
        DataKeyNames="sno" DataSourceID="SqlDataSource1" Height="144px"
         Width="416px">
        <Columns>
      <asp:BoundField DataField="sno" HeaderText="学号" ReadOnly="True"
                SortExpression="sno" />
      <asp:BoundField DataField="sname" HeaderText="姓名"
SortExpression="sname" />
      <asp:BoundField DataField="sclass" HeaderText="班级"
SortExpression="sclass" />
      <asp:TemplateField HeaderText="语文" SortExpression="yuwen">
         <EditItemTemplate>
         <asp:TextBox ID="TextBox1" runat="server" Text='<%#
Bind("yuwen") %>'></asp:TextBox>
         </EditItemTemplate>                // <%# Bind("yuwen") %> 在编辑状态下绑
定"yuwen"列联动
            <FooterTemplate>
              <asp:Button ID="Button1" runat="server" Text="下一页" />
            </FooterTemplate>
            <HeaderTemplate>
               语文
            </HeaderTemplate>
            <ItemTemplate>
             <asp:Label ID="Label1" runat="server" Text='<%#
Bind("yuwen") %>'></asp:Label>
             </ItemTemplate> // <%# Bind("yuwen") %> 在显示状态下绑定"yuwen"列联动
       </asp:TemplateField>
             <asp:TemplateField HeaderText="数学" SortExpression="shuxue">
       <EditItemTemplate>
         <asp:TextBox ID="TextBox2" runat="server" Text='<%#
Bind("shuxue") %>'></asp:TextBox>
         </EditItemTemplate>
         <ItemTemplate>
          <asp:Label ID="Label2" runat="server" Text='<%#
Bind("shuxue") %>'></asp:Label>
```

            </ItemTemplate>
        </asp:TemplateField>
        <asp:TemplateField HeaderText="英语" SortExpression="english">
            <EditItemTemplate>
                <asp:TextBox ID="TextBox3" runat="server" Text='<%# Bind("english") %>'></asp:TextBox>
            </EditItemTemplate>
            <ItemTemplate>
                <asp:Label ID="Label3" runat="server" Text='<%# Bind("english") %>'></asp:Label>
            </ItemTemplate>
            <FooterStyle ForeColor="#0066FF" />
        </asp:TemplateField>
        <asp:HyperLinkField HeaderText="详情" NavigateUrl="~/chart7/DataSet.aspx"
                Text="具体内容请点击..." />
    </Columns>
</asp:GridView>
```

运行效果跟上面的一样,关键是TemplateField类型列的自定义。

(五)编辑、删除、更新数据到数据库

单击"编辑列",选中CommandField列,添加"编辑、更新、取消"和"删除",如图7-27所示。

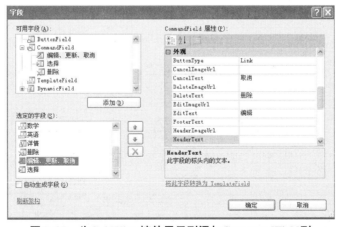

图7-27 为GridView控件显示列添加CommandField列

单击"确定"按钮之后,添加的代码如下:

```
<asp:CommandField HeaderText="删除" ShowDeleteButton="True" />
```
```

```
<asp:CommandField HeaderText="编辑" ShowEditButton="True" />
<asp:CommandField HeaderText="选择" ShowSelectButton="True" />
```
运行效果图如图7-28所示。

图7-28 为GridView控件显示列添加CommandField列的运行结果

单击"删除""编辑""更新"都会自动生效，关联到数据库。前提是操作的这张表有主键，而且在数据源创建时要执行（图7-18为数据源的表配置修改功能）操作，否则会出错。当单击"编辑"时效果如图7-29所示。

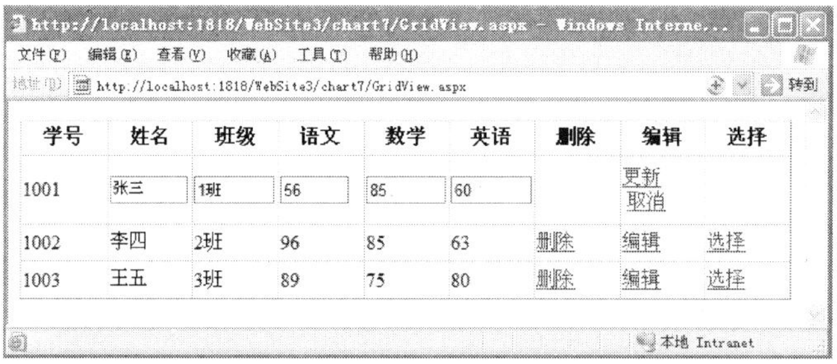

图7-29 为GridView控件显示列单击编辑运行结果

（六）启用分页和排序

单击GridView控件，选中"启用分页"和"启用排序"复选框，如图7-30所示。

图7-30 "启用分页"和"启用排序"

选中后新增的代码（粗体）如下：

```
<asp:GridView ID="GridView1" runat="server" AutoGenerateColumns="False"
    DataKeyNames="sno" DataSourceID="SqlDataSource1" Height="238px"
    Width="400px" AllowPaging="True" AllowSorting="True" PageSize="3" >
</asp:GridView>
```
// AllowPaging 是否允许分页；AllowSorting 是否允许排序；PageSize 每页显示记录条数；运行效果如图7-31所示。

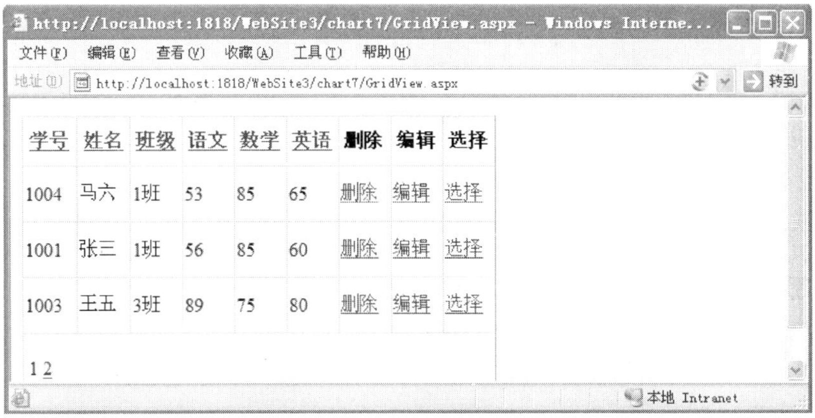

图7-31 "启用分页"和"启用排序"运行结果

分2页，每页3条记录；具有排序功能后，字段会加下划线，单击字段名，会自动按升序或降序排列记录。

（七）GridView 控件的事件

GridView控件的事件说明如表7-4所示。

表7-4　GridView 控件的事件及说明

事件	说　　明
RowCommand	在 GridView 控件中单击某个按钮时发生。此事件通常用于在该控件中单击某个按钮时执行某项任务
PageIndex Changing	在单击页导航按钮时发生，但在 GridView 控件执行分页操作之前。此事件通常用于取消分页操作
PageIndex Changed	在单击页导航按钮时发生，但在 GridView 控件执行分页操作之后。此事件通常用于在用户定位到该控件中不同页之后需要执行某项任务时
SelectedIndexChanging	在单击 GridView 控件内某一行的 Select 按钮（其 CommandName 属性设置为"Select"的按钮）时发生，但在 GridView 控件执行选择操作之前。此事件通常用于取消选择操作
SelectedIndexChanged	在单击 GridView 控件内某一行的 Select 按钮时发生，但在 GridView 控件执行选择操作之后。此事件通常用于在选择了该控件中的某行后执行某项任务

续表

事件	说 明
Sorting	在单击某个用于对列进行排序的超链接时发生，但在 GridView 控件执行排序操作之前。此事件通常用于取消排序操作或执行自定义排序例程
Sorted	在单击某个用于对列进行排序的超链接时发生，但在 GridView 控件执行排序操作之后。此事件通常用于在用户单击对列进行排序的超链接之后执行某项任务
RowDataBound	在 GridView 控件中的某个行被绑定到一个数据记录时发生。此事件通常用于在某个行被绑定到数据时修改该行的内容
RowCreated	在 GridView 控件中创建新行时发生。此事件通常用于在创建某个行时修改该行的布局或外观
RowDeleting	在单击 GridView 控件内某一行的 Delete 按钮（其 CommandName 属性设置为"Delete"的按钮）时发生，但在 GridView 控件从数据源删除记录之前。此事件通常用于取消删除操作
RowDeleted	在单击 GridView 控件内某一行的 Delete 按钮时发生，但在 GridView 控件从数据源删除记录之后。此事件通常用于检查删除操作的结果
RowEditing	在单击 GridView 控件内某一行的 Edit 按钮（其 CommandName 属性设置为"Edit"的按钮）时发生，但在 GridView 控件进入编辑模式之前。此事件通常用于取消编辑操作
RowCancelingEdit	在单击 GridView 控件内某一行的 Cancel 按钮（其 CommandName 属性设置为"Cancel"的按钮）时发生，但在 GridView 控件退出编辑模式之前。此事件通常用于停止取消操作
RowUpdating	在单击 GridView 控件内某一行的 Update 按钮（其 CommandName 属性设置为"Update"的按钮）时发生，但在 GridView 控件更新记录之前。此事件通常用于取消更新操作

任务四　DetailsView控件数据绑定

DetailsView控件与前面介绍的GridView控件有许多相似之处，区别在于：从数据的显示方式上区分，GridView控件是通过表格的形式显示所有查到的数据记录，而DetailsView控件只显示一条数据记录。从功能上区别，GridView控件可以设置排序和选择的功能，而DetailsView不能；DetailsView控件可以设置插入新记录的功能，而GridView不能。从使用上来说，GridView控件通常用于显示主要的数据信息，而DetailsView控件常用于显示与GridView控件中数据记录对应的详细信息，在这种方案中，主控件（如 GridView 控件）中的所选记录决定了 DetailsView 控件显示的记录。

（一）显示数据

拖拽DetailsView 控件到页面上，单击 ◁ 展开，如图7-32所示，在"选择数据源"

中选择"新建数据源"就出现（任务1中使用SqlDataSource控件连接SQL Server 数据库）内容。

图7-32　DetailsView 控件配置及运行结果界面

（二）编辑数据

在配置DetailsView 控件中，选中"启用分页""启用插入""启用编辑"和"启用删除"复选框，此时，DetailsView 控件中出现了"编辑""删除""新建"连接，如图7-33所示。

图7-33　配置DetailsView 控件及运行结果

单击"DetailsView 控件"中的"编辑"可以修改数据；单击"DetailsView 控件"中的"新建"可以插入一条数据（GridView控件没有插入功能），分别如图7-34和图7-35所示。

图7-34　编辑数据状态

图7-35　插入数据状态

任务五　FormView控件绑定数据

FormView 控件与 DetailsView 控件类似，它一次呈现数据源中的一条记录，并提供翻阅多条记录以及插入、更新和删除记录的功能。不过，FormView 控件与 DetailsView 控件之间的差别在于 FormView 控件不指定用于显示记录的预定义布局，需要通过"编辑模板"来设计数据显示布局，如图7-36所示。

图7-36　配置FormView 控件

FormView 控件与 DetailsView 控件编辑、插入、更新和删除记录等的功能操作方法一样，因此，本小节重点讲FormView 控件数据显示布局，如图7-37所示。

图7-37　FormView 控件的编辑模板

FormView控件主要使用的五个模板如表7-5所示。

表7-5　FormView控件主要使用的五个模板说明

属　性	描　述
ItemTemplate	控制用户查看数据时的显示情况
EditItemTemplate	决定用户编辑记录时的格式和数据元素的显示情况。在这个模板内，将使用其他控件，如TextBox元素，允许用户编辑值
InsertItemTemplate	与编辑一条记录相似，这个模板控制允许用户在后端数据源中添加一条新记录的字段的显示。由于输入了新的值，应该根据数据的要求允许用户自由输入文本或限制某些值
FooterTemplate	决定FormView控件表格页脚部分显示的内容，如果有的话
HeaderTemplate	决定FormView控件表格标题部分显示的内容，如果有的话

FormView控件主要使用五个模板决定了数据的显示格局，因此可以说FormView控件显示布局是通过用户编写这五个模板决定的，在五个模板中兼容HTML语言格式，因此其灵活性、交互性非常好。没有经过编辑模板时运行结果如图7-38所示。

图7-38　FormView控件没有经过编辑模板时运行结果

下面就给图7-38中FormView控件数据加上表格做例子来说明其自定义布局。首先打开"编辑模板"中的"ItemTemplate模板"，然后单击"ItemTemplate模板"的编辑区域，选择菜单栏中的"插入表"（7行2列，最后一行合并）。最后把每个字段名(sno、sname、sclass、yuwen、shuxue、english）放在表格的第一列，把对应的[sanlable]、[snamelabel]、[sclasslabel]、[yuwenlabel]、[shuxuelabel]、[Englishlabel]放入第二列，把"编辑""删除""新建"放入最后一行，如图7-39和图7-40所示。

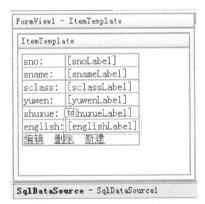

图7-39　在ItemTemplate模板插入表格　　　图7-40　把数据移到表格内

插入表格的样式代码：
table td {　width: 100%;　border-style: solid;　border-width: 1px;　border-color:Black;　}
运行结果如图7-41所示。

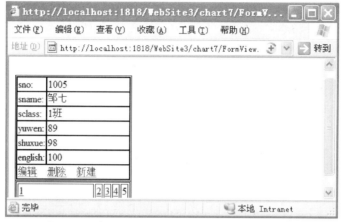

图7-41　在ItemTemplate模板插入表格运行结果

其他四个模板编辑效果雷同，具体说明参考表7-5。

情景上机实训

一、实验目的

掌握数据源SqlDataSource控件、GridView控件和DetailsView控件配合显示数据的使用方法。

二、实验步骤

◆ 拖拽GridView控件和DetailsView控件到index.aspx页面上，配置如图7-42所示。

图7-42　GridView控件和DetailsView控件配置

◆ 首先，为GridView控件配置数据源SqlDataSource1（参考任务一），在图7-15中选择数据表"stuscore"，只选择显示"sno"列和"sname"列；在"编辑列"中添加一个CommandField类型中的"选择"功能列，把其属性HeaderText的值为"查看详情"，SelectText的值为"详细信息"。

◆ 其次，为DetailsView控件配置数据源SqlDataSource2（参考任务一），在图7-15中选择数据表"stuscore"，选择显示全部列，且要添加"where"子句，配置详情如图7-43所示。

图7-43　选择数据表级配置select语句中的where条件字句

因为DetailsView控件可以设置插入新记录、删除、更新的功能，所以必须有图7-16的操作步骤，否则，DetailsView控件在执行这项功能时会报错。

运行结果如图7-44所示。

图7-44　DetailsView控件中显示GridView控件选定的详细信息运行结果

◆ 在图7-44中，单击GridView控件中的"详细信息"就会弹出右边的DetailsView控件绑定的单条数据。

按照任务五中的操作，可以通过DetailsView控件插入新记录、删除、更新stuscore表。

习 题

一、选择题

1. 在ASP.NET应用程序中访问SQL Server数据库时，需要导入的命名空间为（　　）。

　A. System.Data.Oracle　　　　　　B. System.Data. SqlClient
　C. System.Data. ODBC　　　　　　D. System.Data.leDB

2. 在ASP.NET应用程序中访问Access数据库时，需要导入的命名空间为（　　）。

　A. System.Data.Oracle　　　　　　B. System.Data. SqlClient
　C. System.Data. ODBC　　　　　　D. System.Data.OleDB

3. 在ADO.NET中，对于Command对象的ExecuteNonQuery()方法和ExecuteReader()方法，下面叙述错误的是（　　）。

　A. insert、update、delete等操作的SQL语句主要用ExecuteNonQuery()方法来执行
　B. ExecuteNonQuery()方法返回执行SQL语句所影响的行数
　C. Select操作的SQL语句只能由ExecuteReader()方法来执行
　D. ExecuteReader()方法返回一个DataReder对象

4. 在配置GridView控件的SqiDateSource数据源控件过程中，单击"高级"按钮的目的是（　　）。

　A. 打开其他窗口　　　　　　　　B. 输入新参数
　C. 生成SQL编辑语句　　　　　　D. 优化代码

5. 下列ASP.NET语句中，（　　）正确地创建了一个与SQL Server数据库的连接。

　A. SqlConnection con1 = new Connection("Data Source = localhost; Integrated Security = SSPI; Initial Catalog = myDB");

　B. SqlConnection con1 = new SqlConnection("Data Source = localhost; Integrated Security = SSPI; Initial Catalog = myDB");

　C. SqlConnection con1 = new SqlConnection(Data Source = localhost; Integrated Security = SSPI; Initial Catalog = myDB);

　D. SqlConnection con1 = new OleDbConnection("Data Source = localhost; Integrated Security = SSPI; Initial Catalog = myDB");

二、简答题

1. 简述DataReader对象与DataSet对象的区别。
2. 简述DataAdapter对象的作用及方法update()的应用。
3. 默写出连接数据库的方法及代码。
4. 简述ExecuteReader()、ExecuteNonQuery()、ExecuteScalar ()方法及其应用。
5. 简述GridView控件、FormView 控件与 DetailsView的区别。

单元八

导航控件

为了方便用户在网站中进行页面导航,网站都少不了使用页面导航控件。有了页面导航的功能,用户可以很方便地在一个复杂的网站中进行页面之间的跳转。在ASP.NET 2.0中,为了方便进行页面导航,新增了一个页面导航控件SiteMapDataSource,它可以绑定到不同的其他页面控件,比如TreeView控件、Menu控件等,十分灵活,能很方便地实现页面导航的不同形式。

项目　SiteMapPath、TreeView、Menu控件导航的联合应用

情景:

王明同学计划制作一个联系信息导航页面,通过这个导航可以查询国内公司所在地的联系人信息及当地公司的概况。ASP.NET工具栏中的导航控件有SiteMapPath控件、TreeView控件、Menu控件,试想应该怎么应用它们来实现此项功能?

知识能力与目标:

☆ 了解SiteMapDataSource控件的使用方法。
☆ 掌握SiteMapPath控件的使用方法。
☆ 掌握Menu控件的使用方法。
☆ 掌握TreeView控件的使用方法。
☆ 了解XmlDataSource控件的使用方法。

任务一　站点地图

站点地图是一种扩展名为.sitemap的XML文件,其中包括了站点结构信息。默认情况下站点文件被命名为Web.sitemap,并且存储在应用程序的根目录下。创建站点地图的方法为,在网站根目录中单击右键,选择"添加新项"选项,再选择"站点地图",就会创建默认名为Web.sitemap的站点地图文件,其内代码如下:

```xml
<?xml version="1.0" encoding="utf-8" ?>
<siteMap xmlns="http://schemas.microsoft.com/AspNet/SiteMap-File-1.0" >
    <siteMapNode url="china.aspx" title="中国" description="">
        <siteMapNode url="shandong.aspx" title="山东" description="">        //山东省内市
        <siteMapNode url="jinan.aspx" title="济南">                          //济南市内县
            <siteMapNode url="pingyin.aspx?id=0100" title="平阴"></siteMapNode>
            <siteMapNode url="licheng.aspx?id=0101" title="历城"></siteMapNode>
        </siteMapNode>
        <siteMapNode url="qingdao.aspx" title="青岛"></siteMapNode>         //山东省内市
        <siteMapNode url="yantai.aspx" title="烟台"></siteMapNode>          //山东省内市
        </siteMapNode>

        <siteMapNode url="jiangsu.aspx" title="江苏" description="">        //江苏省内市
            <siteMapNode url="nanjing.aspx" title="南京"></siteMapNode>
            <siteMapNode url="suzhou.aspx" title="苏州"></siteMapNode>
        </siteMapNode>

    </siteMapNode>
</siteMap>
```

站点地图文件常用属性如表8-1所示。

表8-1 站点地图文件常用属性及说明

属性	说明
siteMap	为根节点，一个站点地图只能有一个siteMap元素
siteMapNode	对应于页面的节点，一个节点描述一个页面
url	用于设置节点导航的URL地址
title	提供链接的文本
descrption	设置节点说明性文本，并提供光标停留时显示的内容

站点地图文件类似SiteMapDataSource控件，需要结合SiteMapPath控件、TreeView控件、Menu控件才能显示出来。

任务二 SiteMapPath控件的应用

SiteMapPath控件会显示一个导航路径，此路径为用户显示当前页在站点地图的位置，并显示返回主页的路径。站点地图文件Web.sitemap建立之后，需要在配置web.config文件中添加下面的代码：

`<system.web>`

```
<siteMap defaultProvider="XmlSiteMapProvider" enabled="true">
    <providers>
        <add name="XmlSiteMapProvider"
type="System.Web.XmlSiteMapProvider, System.Web, Version=2.0.0.0,
Culture=neutral, PublicKeyToken=b03f5f7f11d50a3a" siteMapFile="web.sitemap"/>
    </providers>
</siteMap>
</system.web>
```

哪个子页需要添加这项导航，就放一个SiteMapPath控件，并把其属性SiteMapProvider的值修改为web.config文件中的name值，即SiteMapProvider="XmlSiteMapProvider"。单击上一项可以返回上一项的链接内容。在pingyin.aspx页面放一个SiteMapPath控件，结果显示如图8-1所示。

图8-1 SiteMapPath控件导航效果

SiteMapPath 控件依赖于站点地图显示内容。站点地图的内容决定导航的结构。默认情况下，SiteMapPath控件从名为"Web.sitemap"的站点地图中访问数据。SiteMapPath控件很容易使用，甚至不需要用数据源控件将它绑定到Web.sitemap文件上，以获得其中的所有信息，只需要把一个SiteMapPath控件拖放到.aspx页面上，SiteMapPath控件会自动工作，不需要用户的参与。只需要把基本控件添加到页面上，该控件就会自动创建线性的导航系统。可以根据它的外观属性设置显示样式。

任务三　Menu控件导航的应用

Menu控件能够构建与Windows应用程序类似的菜单，让用户单击不同的链接，从而转到不同的页面。菜单的应用通过Menu控件可以分为手动添加和数据绑定。

Menu控制常用属性如表8-2所示。

表8-2　Menu控件常用属性及说明

属性	说明
MaximumDynamicDisplayLevels	指定在静态显示层后应显示的动态显示菜单节点层数。如果设置为0，子节点将不显示动态
Orientation	用于在页面上设置一个水平菜单条
StaticDisplayLevels	从根菜单算起，静态显示的菜单的层数

续表

属性	说明
StaticEnableDefaultPopOutImage	静态菜单项默认显示带有小箭头，设置为false，将修改这个状态
DynamicEnableDefaultPopOutImage	设置动态显示是否带有小箭头
StaticSubMenuIndent	控制显示子菜单条目的缩进深度，如果这些菜单层级被设置为以静态模式显示
ItemWrap	设置菜单项是否可以换行

（一）手动添加菜单

拖拽Menu控件到页面，查看其配置属性，单击"编辑菜单项"弹出图8-2所示的"菜单项编辑器"对话框。

图8-2 菜单项编辑器

单击图8-2中的"确定"按钮之后，前台代码自动生成如下：

<asp:Menu ID="Menu1" runat="server" onmenuitemclick="Menu1_MenuItemClick">
    <Items>
        <asp:MenuItem Text="中国" Value="中国">
            <asp:MenuItem Text="山东" Value="山东">
                <asp:MenuItem Text="济南" Value="济南">
                    <asp:MenuItem Text="平阴" Value="新建项"></asp:MenuItem>

                    <asp:MenuItem NavigateUrl="~/licheng.aspx" Text="历城" Value="历城">

                </asp:MenuItem>
            </asp:MenuItem>
            <asp:MenuItem Text="青岛" Value="青岛"></asp:MenuItem>

                    <asp:MenuItem Text="烟台" Value="烟台"></asp:MenuItem>
                </asp:MenuItem>
                <asp:MenuItem Text="江苏" Value="江苏">
                    <asp:MenuItem Text="南京" Value="南京"></asp:MenuItem>
                    <asp:MenuItem Text="苏州" Value="苏州"></asp:MenuItem>
                </asp:MenuItem>
            </asp:MenuItem>
        </Items>
</asp:Menu>

运行结果如图8-3所示。

图8-3 通过菜单项编辑器编辑菜单运行效果

Menu 控件具有两种显示模式：静态模式和动态模式。静态模式的菜单项始终是完全展开的，在这种模式下，设置StaticDisplayLevels属性指定显示菜单的级别，如果菜单的级别超过了StaticDisplayLevels属性指定的值，则把超过的级别自动设置为动态模式显示。动态模式需要响应用户的鼠标事件才在父节点上显示子菜单项，MaximumDynamicDisplayLevels属性指定动态菜单的显示级别，如果菜单的级别超过了该属性指定的值，则不显示超过的级别。

Menu控件最简单的用法是在设计视图中使用Items属性添加MenuItem对象的集合。MenuItem对象有一个NavigateUrl属性，如果设置了该属性，单击菜单项后将导航到指定的页面，可以使用Menu控件的Target属性指定打开页的位置，MenuItem对象也有一个Target属性，可以单独指定打开页面的位置。如果没有设置NavigateUrl属性，则把页面提交到服务器进行处理。

（二）数据绑定站点地图

拖拽Menu控件到页面，选择配置文件中的"新建数据源"弹出如图8-4所示的对话框，选择"站点地图"，单击"确定"按钮即可。数据源SiteMapDataSource控件会自动绑定已建好的站点地图文件Web.sitemap。

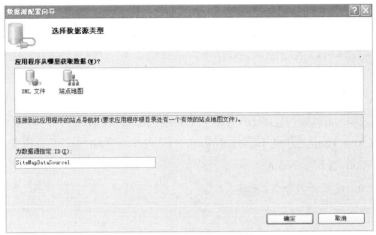

图8-4 数据源配置向导

单击"确定"按钮会自动生成代码如下：

`<asp:Menu ID="Menu1" runat="server" DataSourceID="SiteMapDataSource1"></asp:Menu>`

任务四 TreeView控件导航应用

TreeView控件和Menu控件在使用上非常相似，但在表现形式上有很大不同。TreeView控件是一个树形结构的控件。该控件用于显示分层数据，如文件目录。

TreeView控件的每个节点都是一个TreeNode对象，具有Text属性和Value属性，Text属性指定在节点显示的文字，Value属性是获取节点的值。NavigateUrl属性决定节点的状态，默认情况下，会有一个节点处于选择状态。

TreeView控件主要的属性和事件如表8-3所示。

表8-3 TreeView控件常用属性和事件及说明

	属性和事件	说明
属性	Nodes	TreeView中的根节点具体内容集合
	ShowLines	是否显示父子节点之间的连接线，默认为True
	StateImageList	树形视图用以表示自定义状态的ImageList控件
	Scrollable	是否出现滚动条
事件	AfterCheck	选中或取消属性节点时发生
	AfterCollapse	在折叠节点后发生
	AfterExpand	在展开节点后发生
	AfterSelect	更改选定内容后发生
	BeforeCheck	选中或取消树节点复选框时发生
	BeforeCollapse	在折叠节点前发生
	BeforeExpand	在展开节点前发生

TreeView控件的手动添加选项和数据绑定跟Menu控件操作方法一样，不再详述。

TreeView控件可以运用 XML文档作为数据源，根据XML文档的层次结构显示节点。而XML文档的访问由XmlDataSource控件来完成，从XmlDataSource控件的DataFile属性中指定XML文档路径，然后在TreeView控件中配置与XML文档中的节点的对应联系。下面的示例将演示如何把TreeView控件绑定到XML数据源。

首先，在App_Data文件夹下添加XmlFile.xml文件，文件内容可以定义如下：

```xml
<?xml version="1.0" encoding="utf-8" ?>
<contact name="联系人">
    <genre name="山东">
        <person t="经理">
            <name>业务经理：张三</name>
            <name>研发经理：李四</name>
            <name>客户经理：王五</name>
            <tel>前台电话：12345678</tel>
        </person>
        <person t="客服">
            <name>客服1：小李</name>
            <name>客服2：小王</name>
            <tel>前台电话：12345678</tel>
        </person>
    </genre>
    <genre name="江苏">
        <person t="经理">
            <name>业务经理：李玲</name>
            <name>研发经理：王军</name>
            <name>客户经理：邹七</name>
            <tel>前台电话：87684324</tel>
        </person>
    </genre>
</contact>
```

其次，新建treeview.aspx页面，放入一个TreeView控件并配置新的数据源，按照"数据源配置向导"选择App_Data文件夹下的XmlFile.xml文件即可，操作如图8-5所示。

图8-5 为TreeView控件配置XML数据源

配置完数据源后，为其配置"自动套用格式"里的"联系人"模式，TreeView控件显示结果如图8-6所示。接下来在TreeView控件的配置窗口为其"编辑TreeNode数据绑定"如图8-7所示。添加全部选项，通过其TextFiled属性为其绑定数据，操作完后显示结果如图8-8所示。

图8-6 TreeView控件显示结果　　　　图8-7 TreeNode数据绑定窗口

图8-8 TreeView控件绑定数据结果

和Menu控件一样，TreeView控件也可以绑定XML文档作为数据源，其方法一样。

情景上机实训

一、实验目的
掌握SiteMapath控件、Menu控件、TreeView控件的使用方法。

二、实验步骤
◆ 建立页面contact.aspx、nanjing.aspx、personinfo.aspx页面。

◆ 在contact.aspx放一个Menu控件。

◆ 给Menu控件配置数据源（操作步骤参照任务三），在各个节点配置的过程中，为"南京"节点配置NavigateUrl属性，让其导航到nanjing.aspx页面。在nanjing.aspx页面放入一个SiteMapath控件和一个TreeView控件。

◆ 给TreeView控件配置数据源（操作步骤参照任务四），在"TreeView DataBindings编辑器"（图8-7）对话框中给"person"项配置NavigateUrl属性，让其导航到personinfo.aspx页面。

三、实验结果
运行效果如图8-9所示。当我们单击"南京"就跳转到nanjing.aspx页面时，显示结果如图8-10所示，其中"导航条"后面显示的即为SiteMapath控件，下面的为TreeView控件显示效果。

图8-9 Menu控件显示效果

图8-10 nanjing.aspx页面运行效果

习 题

一、填空题

1. 使用TreeView进行站点导航必须通过与（　　　）控件集成实现。
A. SiteMapDataSource　　　B. SiteMap　　　C. SiteMapPath　　　D.Menu

2. TreeView控件进行站点地图文件绑定需要通过（　　　）实现。
A. SiteMapDataSource　　　　　　　　B. XmlDataSource
C. SiteMapPath　　　　　　　　　　　D. Menu

3. TreeView控件进行XML文件绑定时需要通过（　　　）实现。
A. SiteMapDataSource　　　　　　　　B. XML
C. SiteMapPath　　　　　　　　　　　D. XmlDataSource

4. Menu控件的节点导航需要通过（　　　）实现。
A. DataFile　　　　　B. NavigateUrl　　C. TextField　　　　D. Url

二、简答题

1. 简述StieMapPath与站点地图的应用。

2. 简述TreeView控件与Menu控件的区别。

3. 简述SiteMapDataSource与XmlDataSource的区别。

单元九

母版页

母版页提供了一种简单而高效的模板框架，它允许在一个模板文件中定义网站的公共组件（如网易、搜狐、腾讯等的菜单栏），减少代码重用性。许多网站都只需要一个母版页，但也可以根据需要创建多个母版页。母版页就像婚纱影楼的婚纱，每位一套婚纱都是一个母版页，每位新娘穿上这套婚纱，新娘就不一样了，但婚纱一样。当然一位新娘可以有多套婚纱（母版页）。

项目　网站后台管理母版页设计

王明计划设计网站的后台管理程序，但是后台管理应用的所有页面都有一部分是相同的，如果每个网页都要设计此部分代码，将浪费时间和人力，于是母版页的概念进入了王明的视线，经过大量地翻阅资料，王明找到了应用母版页解决代码重用、重复设计的方法，而且还可以使相同的部分风格完全统一，增加了网页设计的美观度。

☆ 掌握创建母版页的方法。
☆ 掌握母版页与子页嵌套的方法。
☆ 掌握子页获得母版页属性的方法。

任务一　创建和修改母版页

（一）创建母版页

在"解决方案资源管理器"中通过"添加新项"打开如图9-1所示的对话框，选择"母版页"，文件名默认为"MasterPage.master"，母版页扩展名为.master。单击"确定"按钮，母版页创建完成。

图9-1 选择创建母版页对话框

生成代码如下：

<%@ Master Language="C#" AutoEventWireup="true" CodeFile="MasterPage.master.cs" Inherits="MasterPage" %>

<!DOCTYPE html PUBLIC "-//W3C//DTD XHTML 1.0 Transitional//EN" "http://www.w3.org/TR/xhtml1/DTD/xhtml1-transitional.dtd">

<html xmlns="http://www.w3.org/1999/xhtml">

<head runat="server">

  <title></title>

<asp:ContentPlaceHolder id="head" runat="server">

</asp:ContentPlaceHolder>

  </head>

<body>

  <form id="form1" runat="server">

    <asp:ContentPlaceHolder id="ContentPlaceHolder1" runat="server">

    </asp:ContentPlaceHolder>　　　　// 母版页中定义内容区域

  </form>

</body>

</html>

代码中的ContentPlaceHolder定义了子页内容在母版页中的位置。这里的母版页只有一个ContentPlaceHolder控件，但如果页面的内容应该位于不同的区域(例如左列和右列)，就可以添加多个ContentPlaceHolder控件。添加多个ContentPlaceHolder控件时，需要确保每个控件都有唯一的ID。

网站建设中可以创建多个母版页，在母版页调用的过程中可以在Page_PreInit使用下面的代码动态加载：

```
protected void Page_PreInit(object sender, EventArgs e)
{
    MasterPageFile = "~/MasterPage/Site.Master";
}
```

（二）修改母版页

创建完母版页后，要对母版页进行修改，也就是把每个网页相同的部分放入母版页，对上述代码<body>内容修改添加文字"网站后台管理"、一个TreeView控件及修改:ContentPlaceHolder的属性 id=" MianContent "。代码如下：

```
<body>
    <form id="form1" runat="server">
      <div style="width: 625px">
      <h1 class="style1">网站后台管理</h1>
        <div style="float:left; width:30%">
        <asp:TreeView ID="TreeView1" runat="server">
          <Nodes>
          <asp:TreeNode Text="首页" Value="首页"></asp:TreeNode>
          <asp:TreeNode Text="学院概况" Value="学院概况">
            <asp:TreeNode Text="学院简介" Value="学院简介"></asp:TreeNode>
            <asp:TreeNode Text="班子成员简介" Value="班子成员简介"></asp:TreeNode>
          </asp:TreeNode>
          <asp:TreeNode Text="教学科研" Value="教学科研">
            <asp:TreeNode Text="教学" Value="教学"></asp:TreeNode>
            <asp:TreeNode Text="科研" Value="科研"></asp:TreeNode>
          </asp:TreeNode>
          <asp:TreeNode Text="学生工作" Value="学生工作">
            <asp:TreeNode Text="思想教育" Value="思想教育"></asp:TreeNode>
            <asp:TreeNode Text="学生管理" Value="学生管理"></asp:TreeNode>
           </asp:TreeNode>
          <asp:TreeNode Text="招生就业" Value="招生就业">
             <asp:TreeNode Text="招生" Value="招生"></asp:TreeNode>
             <asp:TreeNode Text="就业" Value="就业"></asp:TreeNode>
             </asp:TreeNode>
          <asp:TreeNode Text="师资队伍" Value="师资队伍"></asp:TreeNode>
          </Nodes>
```

```
            </asp:TreeView>
        </div>
        <div style="float:left; width:69%">
        <asp:ContentPlaceHolder id=" MianContent " runat="server">
        </asp:ContentPlaceHolder>
        </div>
    </div>
    </form>
</body>
```

修改后母版页MasterPage.master效果如图9-2所示，MianContent即为子页内容在母版页中的位置。

图9-2　母版页**MasterPage.master**效果图

任务二　母版页与子页嵌套

通过"添加新项"添加子网页index.aspx，如图9-3所示。勾选"选择母版页（C）"选项，单击"添加"按钮后选择母版页MasterPage.master即可，如图9-4所示。index.aspx页面显示和原来的母版页一样（如图9-2所示）。

图9-3　添加母版页

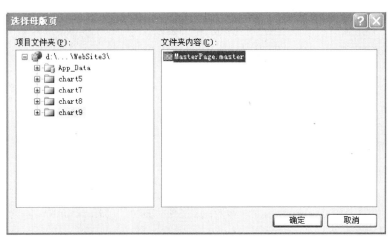

图9-4 选择母版页

index.aspx页面代码如下：

<%@ Page Title="" Language="C#" MasterPageFile="~/chart9/MasterPage.master" AutoEventWireup="true" CodeFile="index.aspx.cs" Inherits="chart9_index" %>

<asp:Content ID="Content1" ContentPlaceHolderID="head" Runat="Server">

</asp:Content>

<asp:Content ID="Content2" ContentPlaceHolderID="MainContent"Runat="Server">

</asp:Content>

子页index.aspx代码中的两个Content中的 ContentPlaceHolderID的值，必须与母版页MasterPage.master中的两个ContentPlaceHolderID的值对应相同。在子页中的两个Content即为子页index.aspx的编辑区域。在Content2中添加一行代码如下：

<h1>我是index.aspx页面。</h1>

运行结果如图9-5所示。

图9-5 子网编辑后的效果

观察图9-5，子页index.aspx嵌套了母版页MasterPage.master所有项，并且子页index.aspx还可以添加自己的内容。如要修改母版页显示的内容，只能到MasterPage.master代码中去修改。

任务三　子页获取母版页属性

（一）使用Master.FindControl()获取母版页属性

首先，必须弄清楚母版页和内容页的加载顺序。由于先加载子页后加载母版页，所以不能用常规的方法在内容页中直接访问母版页的属性和方法。但是ASP.NET2.0还提供了一个Page_LodeComplete()方法，可以在此函数内用Master.FindControl（控件ID）来访问母版页的属性和方法。如在母版页中有一个Label控件，ID为lblTime，记录当前的时间。同理，在子页中也有一个同样的Label控件，也记录时间，其ID为currentTime。

在母版页中使用以下代码：

```
public void Page_Load(object sender,EventArg e)
{
    string strCurrentTime="";
    strCurrentTime=System.DateTime.Now.ToShortTimeString();
}
```

在内容页中使用以下代码：

```
public void Page_ LodeComplete (object sender,EventArg e)
{
    this.currentTime.Text=(Master.FindControl("lblTime") as Label).Text;
}
```

（二）使用 MatrerType指令获取母版页属性

如在母版页中有个Label控件，ID为LblTime，记录当前时间。在母版页中定义一个公共属性，如：

```
public Label MasterPageLabel
  {
      get { return lblTime; }
      set { lblTime = value; }
  }
```

在子页中使用<%@ MasterType VirtualPath="母版页url"%>指令之后，就可以直接用Master访问母版页的公共属性。

```
public void Page_Load(object sender, EventArgs e)
```

{
　　Master.MasterPageLabel.Text = System.DateTime.Now.ToShortTimeString();
}

如果使用了母版页MasterPage，则母版页MasterPage中的事件和子页ContentPage中的事件按照下面的顺序激活：

ContentPage.PreInit

Master.Init

ContentPage.Init

ContentPage.InitComplite

ContentPage.PreLoad

ContentPage.Load

Master.Load

ContentPage.LoadComplete

ContentPage.PreRender

Master.PreRender

ContentPage.PreRenderComplete

情景上机实训

一、实训目的

掌握母版页与子页嵌套的使用方法。

二、实验步骤

按照本节任务二操作执行。需要修改的是：

◆ 在母版页中放入一个Label标签，用来显示TreeView控件被单击的节点值，让其Visible=false。

◆ 为TreeView控件的SelectedNodeChanged事件添加下面的代码：

protected void TreeView1_SelectedNodeChanged(object sender, EventArgs e)
　　{
　　　　　Label1.Text = TreeView1.SelectedNode.Text;
　　}

◆ 在子页index.aspx中放入一个Label标签，用来显示母版页中Label标签的值，即用来显示TreeView控件被单击的节点值。同时为Page_LoadComplete事件添加以下代码：

protected void Page_LoadComplete(object sender, EventArgs e)
　　{
　　　　　Label1.Text = (Master.FindControl("Label1") as Label).Text;

}
◆ 修改TreeView控件中节点"首页"的NavigateUrl=~/chart9/index.aspx。
同理可以按照以上方法为TreeView控件中的其他节点配置NavigateUrl属性值。

三、运行结果

运行结果如图9-6所示。

图9-6　实训运行结果图

习　题

一、选择题

1. 母版页的扩展名及调用母版页属性为（　　）。

　A. .aspx 和MasterPageFile　　　　　　B. .master和MasterPageFile

　C. .css和MasterPageFile　　　　　　　D. .aspa和MasterPageFile

2. 在子页代码的Content中，ContentPlaceHolderID的值必须与母版页中（　　）ID的值对应相同。

　A. ContentPlaceHolder　　　　　　　　B. MasterPageFile

　C. Content　　　　　　　　　　　　　D. title

3. 动态改变内容页的母版页，应在页面的哪个事件方法中进行设置？（　　）

　A. Page_Load　　B. Page_Render　　C. Page_PreRender　　D. Page_PreInit

4. 你已经创建了一个Web页面，同时也有一个名为"master.master"的母版页。要让Web窗体使用master.master母版页，该如何做？（　　）

　A. 加入ContentPlaceHolder控件

　B. 加入Content控件

　C. 加入MasterPageFile属性到"@Page"指令中，并指向master.master，将窗体放在

<asp:ContentPlaceHolder>……</asp:ContentPlaceHolder/>内

D. 在Web页面的@Page指令中设置MasterPageFile属性为"master.master"，然后将窗体<form></form>之间的内容放置在<asp:Content>……</asp:Content>内

5. 你开发了一个站点，其中包含多个母版页，需要在站点提供一个允许用户动态更改母版页的功能，该如何做？（　　）

A. 在页面的Page_PreInit事件中设置Page.MasterPageFile

B. 在页面的Page_Init事件中设置Page.MasterPageFile

C. 在站点的Web.config文件的<system.web>节点下添加<page>元素

D. 在站点的Page_Load事件中设置Page.MasterPageFile

二、简答题

1. 如何给子页添加母版页？请举例说明。

2. 如何给子页动态加载母版页？请举例说明。

3. 写出子页获取母版页属性的两种方法。